普通高等学校“十三五”规划教材

# AutoCAD 辅助工程制图

乌　云　主编
尚凤武　主审

黄 河 水 利 出 版 社
·郑州·

## 内 容 提 要

本教材以实用性和应用性为目标，采用 AutoCAD 2012 版软件，精选了水利工程、建筑工程和道路及桥梁工程典型形体，结合国家标准中的有关规定，把独立命令与专业案例相结合，讲解了使用 AutoCAD 绘制工程图的相关知识。本书分为基础部分和专业部分。

本教材可作为大中专院校水利工程类、土木工程类和其他土建类以及相近专业的教材。

**图书在版编目(CIP)数据**

AutoCAD 辅助工程制图/乌云主编. —郑州：黄河水利出版社，2016. 5

普通高等学校“十三五”规划教材

ISBN 978 - 7 - 5509 - 1413 - 1

Ⅰ. ①A… Ⅱ. ①乌… Ⅲ. ①工程制图 - AutoCAD 软件 - 高等学校 - 教材 Ⅳ. ①TB237

中国版本图书馆 CIP 数据核字(2016)第 088233 号

策划编辑：李洪良　　电话：0371 - 66026352　　E-mail：hongliang0013@163. com

出 版 社：黄河水利出版社

地址：河南省郑州市顺河路黄委会综合楼 14 层　　邮政编码：450003

发行单位：黄河水利出版社

发行部电话：0371 - 66026940、66020550、66028024、66022620(传真)

E-mail：hhslcbs@126. com

承印单位：河南承创印务有限公司

开本：787 mm × 1 092 mm　1/16

印张：9. 75

字数：225 千字　　印数：1—3 100

版次：2016 年 5 月第 1 版　　印次：2016 年 5 月第 1 次印刷

定价：25. 00 元

# 前 言

随着计算机技术在各行各业的普及应用，人类的思维方式发生了巨大的变革。CAD（Computer Aided Design，计算机辅助设计）是伴随计算机快速发展起来的现代化工程设计技术。学习和掌握 CAD 知识及技术已经成为当今科技人员、广大教师和在校学生紧迫的学习任务和时代要求。

AutoCAD 作为计算机辅助设计课程的主要教学软件，如何突出其实用性、工程应用性是本书编写的主要目的。本书结合水利工程、建筑工程、道路及桥梁工程等专业，遵循最新行业标准，选配精练的图例，重点阐述了软件在工程图绘制方面的常用功能。

本书包括基础部分和专业部分。基础部分主要包括 AutoCAD 基础、AutoCAD 基本操作、工程图绘图环境设置和建立工程样板文件等；专业部分主要包括水利工程图、建筑施工图、钢筋混凝土结构图及钢结构图、道路及桥梁工程图等，结合土建工程专业图例和图纸，介绍了 AutoCAD 2012 版软件的各项绘图、修改和设置功能的操作与使用技巧。

本书由内蒙古农业大学组织编写。编写分工如下：乌云编写前言、第二章、第五章、第六章，刘全明编写第一章，苏日娜编写第三章，胡守忠编写第四章，周海龙编写第七章、第八章，郭强同学绘制了第四章和第七章中的部分图形。本书由乌云担任主编并负责统稿，由北京航空航天大学尚凤武教授担任主审。

本书的编写得到了北京航空航天大学尚凤武教授的悉心指导，作者还参阅了大量国内优秀教材，在出版方面得到了黄河水利出版社的大力支持。在此，对各位老师和同仁、朋友表示诚挚的感谢。

本书的面世是各位作者共同努力和协作的结果，是作者长期使用 AutoCAD 系列软件的体会和操作经验的结晶，作者非常高兴与读者共同分享和学习。AutoCAD 软件功能强大，但本书应用还只是局限在绘图和编辑功能上，再加上作者水平所限，难免有遗漏和不足的地方，恳请大家批评指正，对此将不胜感激。

作 者

2016 年 1 月

# 目　录

# 基础部分

# 第一章　AutoCAD 基础

## 第一节　AutoCAD 2012 工作界面

AutoCAD 2012 引入了新外观和新用户界面，更改了用户访问命令的方式。在状态栏上，单击“切换工作空间”按钮，在工作空间列表中提供了三种工作空间，即二维草图与注释、三维建模、AutoCAD 经典三种工作空间，其中第一种为系统默认的工作空间，如图 1-1 所示。要与在早期版本中一样显示 AutoCAD 2012，可选择“AutoCAD 经典”。

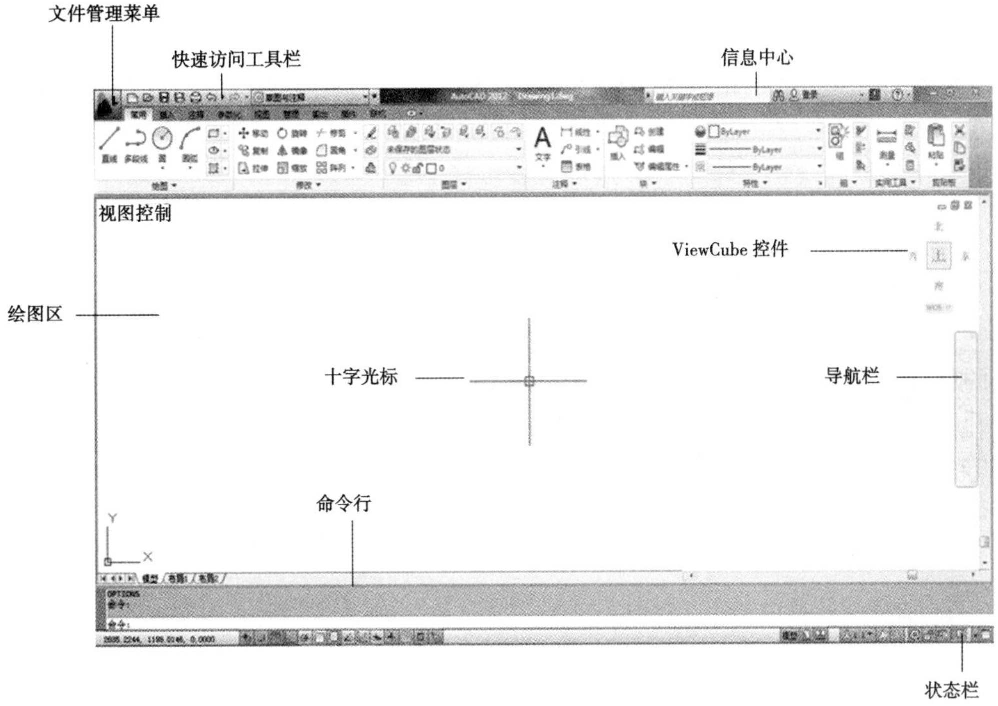


图 1-1　二维草图与注释工作空间界面

### 一、标题栏

标题栏是 AutoCAD 工作界面顶部的标题部分，显示出正在运行的程序以及当前打开图形的文件名等信息。在标题栏的最右边有三个按钮，从左到右依次为最小化、最大化（或向下还原）和关闭按钮，依次点击按钮分别将程序窗口缩回到任务栏、放大到全屏幕和关闭。当程序窗口放大到全屏幕后，中间的按钮就会变为向下还原按钮，可将程序窗口恢复到最大化之前的状态。

## 二、快速访问工具栏

快速访问工具栏包括常用操作命令的图标，包括“新建文件（Ctrl + N）”、“打开文件（Ctrl + O）”、“保存文件（Ctrl + S）”、“撤销上一次操作（Ctrl + Z）”、“放弃（U）”、“重做（REDO）”、“打印文件（Ctrl + P）”、“自定义快速访问工具栏”。其中，“自定义快速访问工具栏”图标可以用于指定该工具栏相对于功能区的位置、是否显示菜单栏等的设置。

## 三、功能区

如图 1-2 所示，该区域最上面一行是标签行，它包含 8 个常用标签——“常用”、“插入”、“注释”、“参数化”、“视图”、“管理”、“输出”、“”（最小化按钮）。点击每个标签，在标签行下面会显示该标签内包含的所有面板。“常用”标签中包含的面板从左至右依次是“绘图”、“修改”、“图层”等。每个面板中显示的是图标形式的常用命令，点击面板名称或命令图标右侧的下箭头图标，可以看到隐藏的命令或者命令选项。用户可以点击这些图标进行操作，方便而快捷。用户可以根据自己的喜好在功能区中单击鼠标右键并在弹出的快捷菜单中添加或隐藏选项卡或面板。

**图 1-2　功能区内的标签和面板**

## 四、文件管理菜单

文件管理菜单位于整个界面的左上角，点击字母右侧的下箭头可以弹出如图 1-3 所示的菜单。其中，点击图标“最近使用的文档”和“已打开的文档”，可以显示最近使用的文档列表和已打开的文档列表。这两个图标的左下列表，是常用的文件操作命令，如“新建”、“打开”、“保存”、“另存为”等。

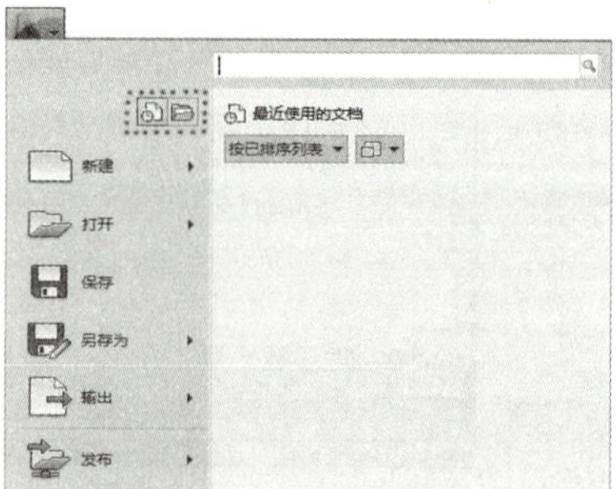


**图 1-3　文件管理菜单**

## 五、命令行

命令窗口位于绘图区下部，用户可以通过命令行输入 AutoCAD 的各种命令及参数，而命令行也会显示出各命令操作的具体过程和信息提示，默认的命令行为三行。初学者需要多注意命令窗口给出的提示信息，根据命令行的提示进行相应的操作。

按功能键 F2 则会弹出“AutoCAD 文本窗口”,窗口内记录的文本内容就是在当前图形文件进行的所有操作所对应的命令。

## 六、状态栏

在程序界面的最下方是 AutoCAD 的状态栏,可显示光标的坐标、绘图工具、导航工具以及用于快速查看和注释缩放的工具,如图 1-4 所示。

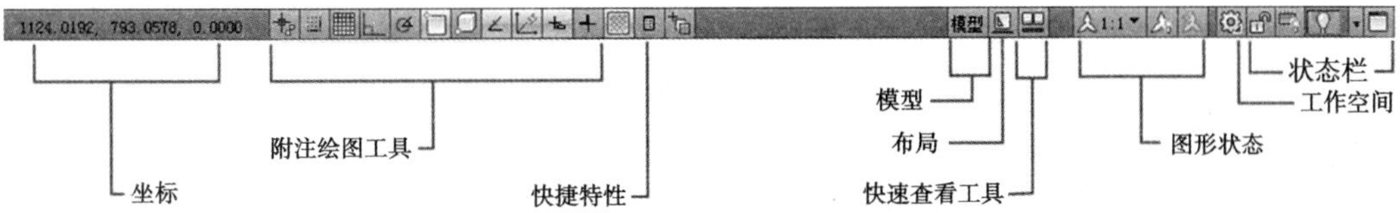


图 1-4　状态栏

通过系统变量 STATUSBAR 控制应用程序和图形状态栏的显示,输入 <0>表示隐藏应用程序和图形状态栏;输入 <1>表示仅显示应用程序状态栏;输入 <2>表示显示应用程序和图形状态栏;输入 <3>表示仅显示图形状态栏。

## 七、视图控制

在绘图区的左上方有视图控制的相关控件,主要有视口控件、视图控件和视觉样式控件 3 个控件。

视口控件:单击“视口控件”按钮[ - ],在弹出的菜单中可以对视口进行操作。例如,将视口设置为“三个:上”,其方法是:单击“视口控件”按钮[ - ],在弹出的菜单中选择【视口配置列表】/【三个:上】命令。

视图控件:单击“视图控件”按钮[俯视],在弹出的菜单中可以对视图进行切换。

视觉样式控件:单击“视觉样式控件”按钮[二维线框],可对视觉样式进行更改。该控件一般在绘制三维模型时使用。

## 八、ViewCube 控件

ViewCube 是用户在二维模型空间或三维视觉样式中处理图形时显示的导航工具。通过 ViewCube 控件,用户可以在标准视图和等轴侧视图间切换,也可以随意旋转观看的角度。

## 九、导航栏

导航栏主要由控制盘、平移、视图缩放、动态观察和 ShowMotion 等工具按键组成,方便用户快捷浏览观察视图。

# 第二节　AutoCAD 命令的特点

## 一、命令的激活方式

在 AutoCAD 2012 定义的三种工作空间中,系统提供了几种激活命令的方式,下面以直线命令为例进行说明。

**键盘输入方式**:不管在哪种工作空间内,都可以通过键盘在命令行输入命令名称“line”或快捷命令“l”激活直线命令。

**功能区方式**:在二维草图与注释工作空间,可以通过点击“常用”标签→“绘图”面板→“直线”的方式激活直线命令。

**工具条图标按钮方式**:在 AutoCAD 经典工作空间,通过点击绘图工具条中的图标符号可以激活直线命令。

**下拉式菜单方式**:在二维草图与注释工作空间中点击“自定义快速访问工具栏”→显示菜单栏,来显示与 AutoCAD 经典工作空间中一样的下拉式菜单栏。在以上工作空间中,通过点击下拉式菜单“绘图”→“直线”的方式激活直线命令。

**重复执行命令方式**:不管在哪种工作空间内,若想重复执行刚刚结束的命令,直接按回车键“Enter”即可。

## 二、命令执行方式

AutoCAD 的命令被激活后,在命令行会出现该命令的实时操作以及有关选项的提示,初学者应特别关注这些提示信息,通过这些提示信息来了解命令的执行过程,并及时响应系统要求,发出下一步操作指令。下面以圆命令为例进行说明。

命令: Circle↓

指定圆的圆心或［三点(3P)/两点(2P)/切点、切点、半径(T)］:↓

指定圆的半径或［直径(D)］<80.0000>:↓

命令行提示说明:方括号“［ ］”外的“指定圆的圆心”和“指定圆的半径”是系统默认的画圆方式,用户直接输入值或者用鼠标在绘图区指定即可;方括号内是可选项及其对应的标示符,如果要选择某一项,只需要输入该圆括号“( )”中的标示符并回车即可,不用区分大小写;尖括号“< >”中给出的数值是默认的圆半径,该值是上次执行 Circle 命令画圆时采用的圆半径大小,如需改变,则输入新值;否则,直接回车即可。

结束命令或确认选择项的方式一般按鼠标右键或回车键,也有在执行完命令后自动跳转下一行命令或结束的情况。

## 三、坐标系统及数据的输入

在绘图过程中,AutoCAD 经常提示输入点的位置,坐标是确定点的位置的最基本方法。平面二维点坐标的形式可以是直角坐标、极坐标。

### （一）坐标系统

1. 世界坐标系（WCS）

AutoCAD 在默认状态下使用世界坐标系，又称为通用坐标系，是绘制二维图形的基础坐标系。

当启动 AutoCAD 并进入绘图界面后，绘图区左下方出现如图 1-5 所示的世界坐标系图标，也称 WCS 图标，该图标中的 X、Y 箭头分别表示当前坐标系的 X 轴、Y 轴的正方向。AutoCAD 坐标系统的坐标轴方向是用右手定则来定义的，把右手的拇指、食指、中指伸开并相互垂直，沿拇指方向为 X 轴正方向，沿食指方向为 Y 轴正方向，沿中指方向为 Z 轴正方向，也就是说在默认状态下，WCS 中的 X 轴正方向水平向右，Y 轴正方向竖直向上，Z 轴正方向垂直于 XY 平面（屏幕平面）指向屏幕外。

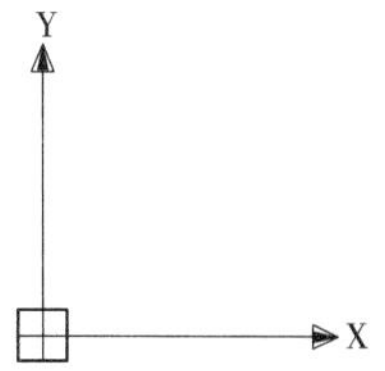


**图 1-5　世界坐标系图标**

世界坐标系固定不变，图形中任意一点都有一个确定的 X、Y、Z 坐标，默认状态下点的 Z 坐标值为零。

2. 用户坐标系（UCS）

在绘图时，特别是绘制三维立体图时，可根据需要建立新的坐标系，这种类型的坐标系称为用户坐标系。用户坐标系可由用户通过 UCS 命令来创建，其原点和坐标轴方向可根据需要确定。

### （二）坐标的输入

在 AutoCAD 中有以下三种坐标输入方式。

**键盘**：通过键盘输入绝对坐标或者相对坐标。绝对坐标是以（0，0）为基点定位所有的点；相对坐标是相对于前一点的偏移值，分为相对直角坐标和相对极坐标。输入相对坐标时，需要在坐标值前加一个“@”符号，详见例 1-1。

使用绝对坐标，必须知道每一个点在图纸中的精确位置，才能绘制出正确的图形。而每一个点的精确位置，必须经过大量的计算，这使得绘图工作很烦琐，因此在实际绘图过程中，用户较多关注的是图形中点与点之间的相对位置，因而采用相对坐标更方便。

**直接距离输入**：通常这种方式必须是至少已经指定一个点后，再移动鼠标用来指示下一个点的方向，然后输入下一个点相对于前一个点的距离，这种方法需要配合正交或者极轴追踪一起使用。

**动态输入**：动态输入使用户可以直接在鼠标附近读取提示信息、输入数值，而不必在命令行中进行输入。单击状态栏的“动态输入”按钮 DYN，可以开启动态输入功能，方便画图。

在 AutoCAD 中输入数值时，有些情况下为了明确方向，需要输入正、负号。如阵列命令中的行距和列距、复制或者移动命令中的偏移距离等，正值表示沿 X 轴或 Y 轴的正方向偏移，负值表示沿 X 轴或 Y 轴的负方向偏移。

# 第三节　AutoCAD 文件管理

在 AutoCAD 2012 中，图形文件管理方法有多种，这里只介绍如何创建新的图形文件、打开已有的图形文件、保存图形文件等操作。

## 一、新建文件

创建新的图形文件可采用下述几种方法：

- 单击按钮法：（新建——在“快速访问工具栏”或在“文件管理菜单”中）；
- 下拉菜单法：文件→新建…；
- 键盘输入法：New↓；
- 快捷方式：Ctrl + N。

在“选择样板”对话框的列表框中，列出了系统提供的多种样板文件以供选择。样板文件中通常含有与绘图相关的一些通用设置，如图层、线型、字体样式、尺寸标注样式等；还可能包括一些通用图形对象，如标题栏、图幅框等。

本书建议新建文件时均不使用样板，通过单击“打开”按钮后面的下拉黑三角，选择“无样板打开－公制”打开方式，如图 1-6 所示。

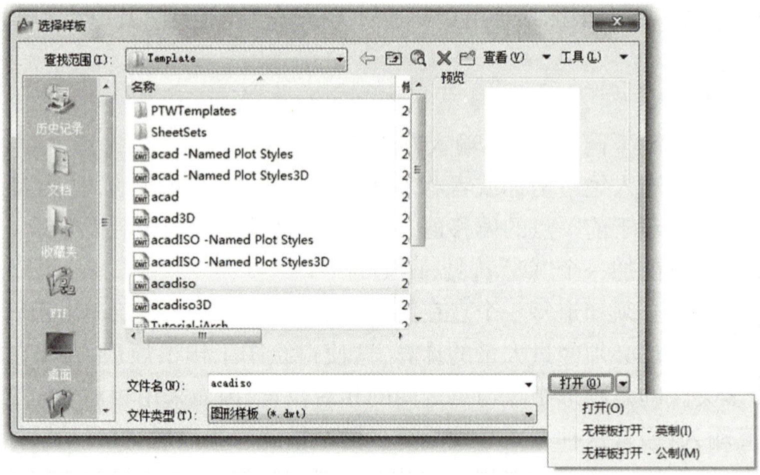


图 1-6　“选择样板”对话框

## 二、打开文件

打开已有的图形文件可采用下述几种方法：

- 单击按钮法：（打开——在“快速访问工具栏”或在“文件管理菜单”中）；
- 下拉菜单法：文件→打开…；
- 键盘输入法：Open↓；
- 快捷方式：Ctrl + O。

在“选择文件”对话框中，通过“搜索”下拉列表，选择搜索路径；该路径中所含文件名称均显示在列表框中,选择所需文件,单击“打开”按钮即可。文件的打开方式包括打开、以只读方式打开、局部打开和以只读方式局部打开等 4 种方式。“以只读方式打开”或“以只读方式局部打开”的图形文件被写保护,所作编辑、修改均无效。

## 三、保存文件

文件的保存分为“保存”和“另存为”两种。对于未存盘图形文件,可通过下述几种方法存盘:

- 单击按钮法:(保存——在“快速访问工具栏”或在“文件管理菜单”中);
- 下拉菜单法:文件→另存为…;
- 键盘输入法:Save as ↓ 或 Qsave ↓ ;
- 快捷方式:Ctrl + S。

执行命令后,弹出如图 1-7 所示的“图形另存为”对话框。在该对话框中,可指定图形文件的存储路径和名称。“文件类型”系统默认为 AutoCAD 2012 图形( * .dwg),利用下拉列表可以降级保存图形文件,如保存为“AutoCAD 2007 图形”或更低版本的文件类型,以便在低版本 AutoCAD 软件环境下打开文件。另外,可以存为其他格式的文件,如图形样本文件“ * . dwt”。

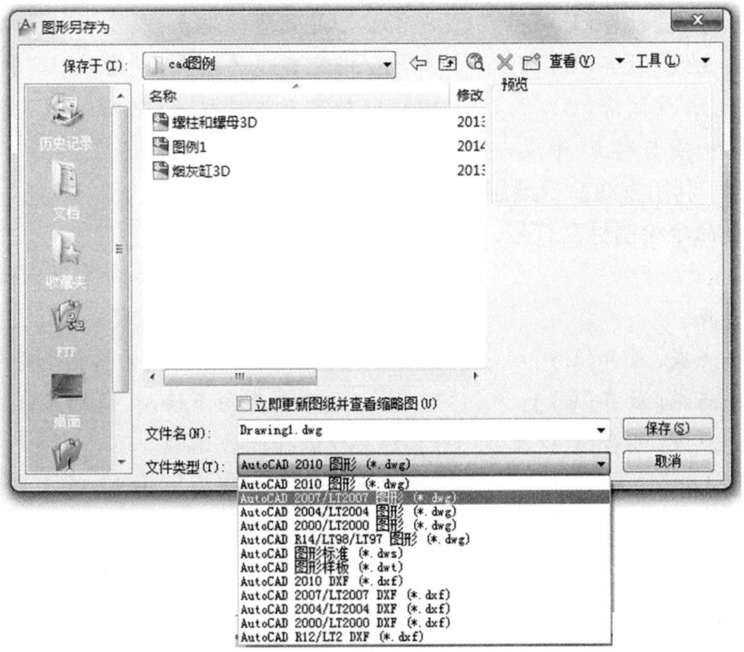


图 1-7 “图形另存为”对话框

对于已存盘图形文件,执行“保存”命令后,按图形文件的原存储路径和名称对文件进行重新存盘。

# 第四节　AutoCAD 应用示例

## 一、直线和圆的绘制

**（一）绘制直线**

直线（Line）命令可以绘制一系列首尾相接的直线段，其中每一条直线均为各自独立的对象。首尾点的位置，可以在绘图区使用十字光标选择，也可以采用输入坐标值的方式来确定。

可通过以下方式调用直线命令：

- 单击按钮法：（直线——在“常用”标签→“绘图”面板中）；
- 下拉菜单法：绘图→直线；
- 键盘输入法：Line（简捷命令为 L）↓。

执行命令后，系统提示如下：

命令：Line↓　　//在命令行输入 Line 命令并回车；

指定第一点：　　//指定直线的第一点；

指定下一点或［放弃（U）］：　　//指定直线的端点，或输入“U”取消上一点；

指定下一点或［放弃（U）］：　　//指定直线的端点，或输入“U”取消上一点；

指定下一点或［闭合（C）/放弃（U）］：//指定直线的端点，若输入“C”系统将用一条直线连接最后一点与起点，形成一个封闭的图形，同时结束命令。

**【例 1-1】**　利用直线命令绘制标高符号。

利用直线命令绘制标高符号，命令行提示如下：

命令：Line↓　　//在命令行输入 Line 命令并回车；

指定第一点：　　//在屏幕的适当位置指定点 a；

指定下一点或［放弃（U）］：3↓　　//利用“正交”水平向右绘制距离为 3，得到点 b；

指定下一点或［放弃（U）］：　　//同理垂直向下绘制，得到点 c；

指定下一点或［闭合（C）/放弃（U）］：C↓ //选择闭合选项。

重新调用 Line 命令绘制 b→d→c 和过点 d 向右绘制长度为 12 的水平线，然后删除 bc 线段即得如图 1-8 所示的标高符号。

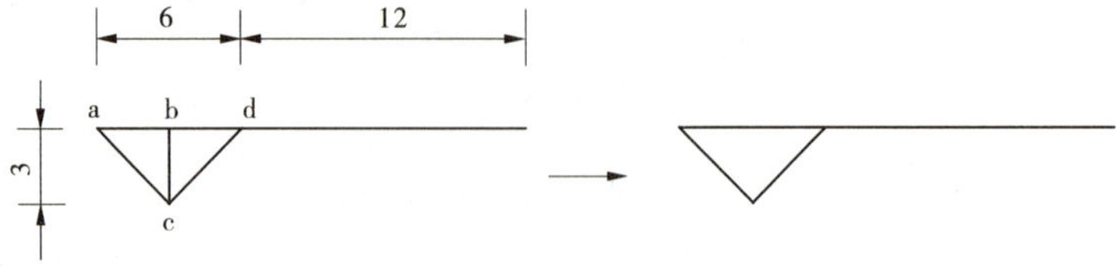


图 1-8　直线命令绘制标高符号

**（二）绘制圆**

圆（Circle）命令提供了 6 种不同的绘制圆的方式，如图 1-9所示。可通过以下方式调用该命令：

- 单击按钮法：⊙（圆——在“常用”标签→“绘图”面板中）；
- 下拉菜单法：绘图→圆→选择相应的子菜单；
- 键盘输入法：Circle（简捷命令为 C）↓。

图 1-9　6 种不同的绘制圆的方式

执行 Circle 命令后，命令行作如下提示：

命令：Circle↓　　　　　　　　　　　　　　//在命令行输入 Circle 命令并回车；

指定圆的圆心或［三点(3P)/两点(2P)/相切、相切、半径(T)］：

　　　　　　　　　　　　　　　　　　　　//指定圆心或选择不同的绘制圆的方法。

根据不同响应，即圆的不同画法，系统进一步的提示也不相同。现分别介绍如下：

(1)“圆心、半径”方式（默认选项）：基于指定圆心和半径的方法绘制圆。当确定圆心后，可直接拖动鼠标确定半径，也可通过键盘输入半径值，见图 1-10(a)。

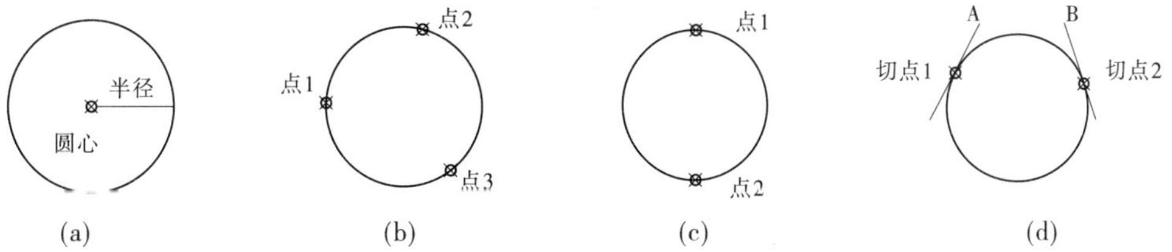


图 1-10　绘制圆的方法

(2)“圆心、直径”方式：基于指定圆心和直径的方法绘制圆。确定圆心后，在命令行输入“D”并回车，再指定圆的直径。

(3)“三点”方式：用指定圆上 3 点的方法绘制圆。分别指定 3 个点后，得到一个圆。注意 3 个点不能在一条直线上，见图 1-10(b)。

(4)“两点”方式：用指定的两点作为圆的直径的方法来绘制圆，见图 1-10(c)。

(5)“相切、相切、半径”方式：用指定的半径绘制圆，该圆与两个对象相切，如图 1-10(d)所示。采用该方法绘制圆时，按提示移动鼠标到直线 A(这时会自动出现“切点捕捉”标记)，在直线 A 的任意位置单击鼠标左键指定切点 1，同理在直线 B 上指定切点 2，再按提示输入半径值。

(6)“相切、相切、相切”方式：绘制与 3 个对象相切的圆。分别在 3 个对象上各指定一点，系统自动计算后绘制出圆。该选项只能在下拉菜单中完成。

注意：在方式(5)和(6)中，指定对象上的切点时，并不一定就是所要求的精确的切点位置，精确的切点位置由 AutoCAD 自动确定。

【例 1-2】 利用圆命令绘制如图 1-11 所示的交叉公路桥。

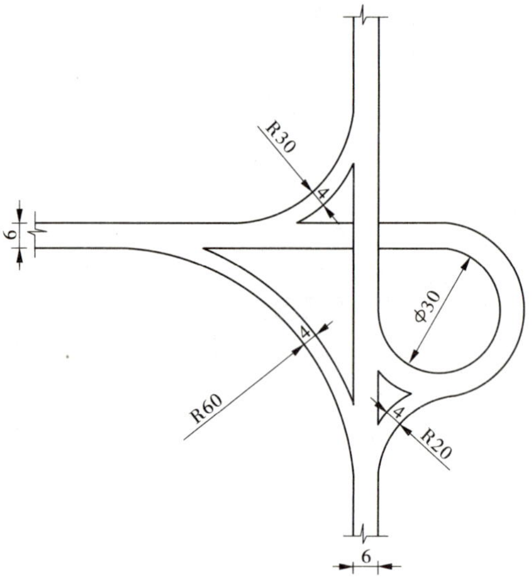


**图 1-11 利用“相切、相切、半径”方式绘制图形**

利用圆命令绘制如图 1-11 所示的交叉公路桥，命令行提示如下：

命令：Line↓ //在命令行输入 Line 命令并回车；

指定第一点： //在屏幕的适当位置指定点；

指定下一点或[放弃(U)]：150↓ //利用“正交”水平向右绘制距离为 150；

指定下一点或[放弃(U)]：↓ //结束命令。

按回车键重复“直线”命令，由上而下绘制长度为 130 的垂直线，让两条线在中点位置正交，并利用偏移命令(在后续章节中介绍)向下向右各偏移距离为 6，如图 1-12 (a)所示。命令行提示如下：

命令：_Circle 指定圆的圆心或 [三点(3P)/两点(2P)/相切、相切、半径(T)]：_TTR

//在“常用”标签→“绘图”面板→“圆”中选择“相切、相切、半径(T)”方式；

指定对象与圆的第一个切点：

//靠近直线出现“递延切点”后左键点击A圆中的切点1；

指定对象与圆的第二个切点：　　//同理点击A圆中的切点2；

指定圆的半径 <20.0000>:30↓ //输入相切圆的半径30,命令自动结束。

同理,绘制B圆和C圆,如图1-12(b)所示。再利用偏移命令将A、B、C圆分别按尺寸向外偏移,然后绘制D圆并偏移就得到图1-12 (c)。最后利用修剪命令(在后续章节中介绍)将图线修剪成如图1-12(d)所示的结果。

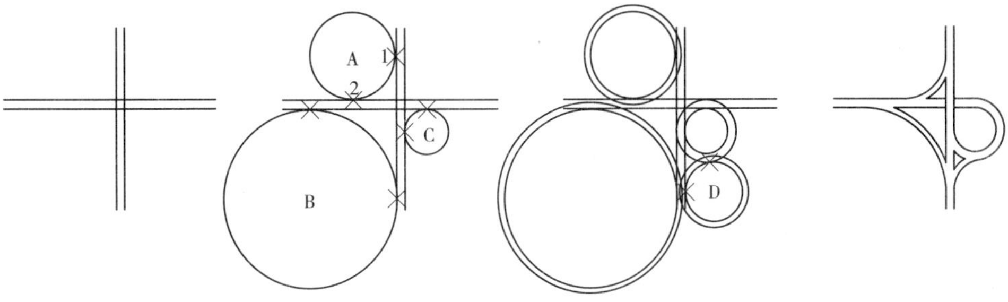


**图1-12　绘制交叉公路桥过程**

## 二、图形的显示控制

绘图过程中,需要绘制细部结构,同时又要能够看到图形的全部。要满足这两个要求,就需要频繁变换显示窗口内图形的大小和区域。AutoCAD提供的窗口控制命令可以方便用户对图形进行缩放和平移,而不改变图形的实际大小和相对位置。窗口控制命令在“视图”标签→“导航”面板中有“平移”、“范围”和“缩放”。

### (一)图形的缩放——Zoom

如何在大小不变的计算机屏幕上观察图形的全貌、局部和细节,就是图形缩放命令——Zoom命令要实现的功能。执行Zoom命令并不改变图形对象的实际尺寸,仅改变图形在屏幕上的显示尺寸。该命令类似于照相机的镜头,可以放大或缩小观察区域,在近处可放大显示图形的某一部分,在远处可观察全部图形。这与本章后面要介绍的比例缩放(Scale)命令是不同的。缩放视图的方式见图1-13。

可通过以下方式调用缩放命令：

- 单击按钮法：范围·(范围——在“视图”标签→“导航”面板中)；
- 下拉菜单法:视图→缩放→选择所需选项；
- 键盘输入法:Zoom(简捷命令为Z)↓。

执行命令后,系统提示如下：

命令:Zoom↓　　//在命令行输入Zoom命令并回车。

[全部(A)/中心(C)/动态(D)/范围(E)/上一个(P)/比例(S)/窗口(W)/对象(O)]<实时>:

其中常用选项的含义如下：

（1）实时：该选项为系统默认选项。使用“实时”选项时，按住鼠标左键不放，可以通过向上（图形显示放大）或向下（图形显示缩小）移动鼠标进行动态缩放。单击鼠标右键，可以显示包含其他视图选项的快捷菜单。

（2）全部：该选项表示缩放显示整个图形及图形界限。

（3）窗口：该选项允许以输入矩形窗口中的两个对角点的方式确定要观察的区域。系统将所选区域放大至满屏。

（4）上一个：该选项将恢复上一次显示的图形。用户可连续使用该选项依次恢复以前编辑查看的图形，但连续操作不能超过10次。

由于滚轮鼠标的应用，缩放图形对象的操作已变得相对简单，向前转动滚轮即可放大图形，向后转动滚轮即可缩小图形。

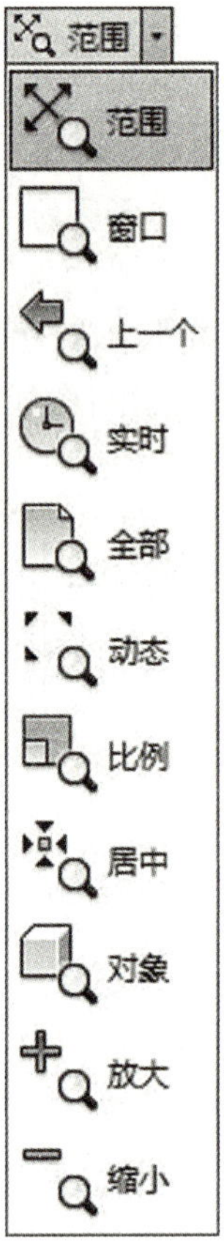


图1-13　缩放视图的方式

**（二）平移——Pan**

Pan命令用于在不改变图形显示比例和相对位置的前提下，观察图形的不同部分。可通过以下方式调用平移命令：

- 单击按钮法：（平移——在“视图”标签→“导航”面板中）；
- 下拉菜单法：视图→平移→选取相应选项；
- 键盘输入法：Pan（简捷命令为P）↓。

执行Pan命令后，十字光标将变为手形光标，如图1-14（a）所示。按住鼠标左键，将光标锁定在当前位置，然后移动鼠标，窗口中的图形将随着光标沿同一方向移动；释放鼠标左键，则平移停止；按Esc键或Enter键均可结束平移操作。直接按住鼠标中间的滚轮，同时移动鼠标也可完成平移操作。

如果将图形平移到逻辑范围的边界，手形光标如图1-14（b）所示。哪个方向到达了边界，就在手形光标的哪一侧显示一个边界栏，同时在状态栏上显示信息，明确指出已将图形平移到边界，并且不能继续沿该方向平移。

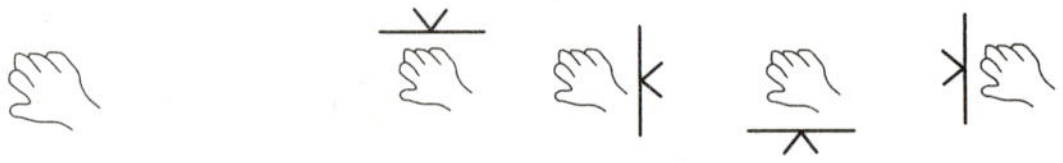

(a)　　　　(b)

图1-14　手形光标

## 三、精确绘图工具的使用

**（一）正交工具**

利用正交工具可方便地绘制出与当前坐标轴平行的直线，默认状态下沿水平或竖直方向。

打开或关闭正交工具，可采用以下几种方法：

- 键盘输入法：Ortho↓；
- 功能键法：F8；
- 状态栏法：单击“正交”开关按钮。

正交功能打开后，用鼠标定位点时，只能控制在水平或垂直方向，除非捕捉了某特征点。默认状态下，在绘制直线时，只需输入直线的长度值，便可沿鼠标引导控制的方向绘制出指定长度的直线。

**（二）对象捕捉**

除通过输入点坐标的方法来实现精确绘图外，AutoCAD 还提供了对象捕捉功能，利用该功能可快速、准确地捕捉到对象的某些特征点，如直线的端点、中点，圆的圆心等，进而达到精确绘图的目的。

1. 对象捕捉模式

表 1-1 列出了 AutoCAD 提供的对象捕捉模式及其功能。

**表 1-1　对象捕捉模式及其功能**

| 模式 | 关键字 | 功能 |
|---|---|---|
| 临时追踪点 | TT | 创建对象捕捉所使用的临时点 |
| 捕捉自 | FROM | 从临时建立的基点偏移 |
| 捕捉到端点 | END | 捕捉到相关实体的最近端点 |
| 捕捉到中点 | MID | 捕捉到相关实体的中点 |
| 捕捉到交点 | INT | 捕捉到相关实体对象之间的交点 |
| 捕捉到外观交点 | APP | 捕捉到两个相关实体的投影交点 |
| 捕捉到延长线 | EXT | 捕捉到相关实体的延长线上的点 |
| 捕捉到圆心 | CEN | 捕捉到相关实体的圆心 |
| 捕捉到象限点 | QUA | 捕捉到距光标中心最近相关实体上的象限点，即 0°、90°、180°、270° |
| 捕捉到切点 | TAN | 捕捉到相关实体上与最后生成的一个点连线形成相切的、离光标最近的点 |
| 捕捉到垂足 | PER | 捕捉到相关实体上或在它们的延长线上，与最后生成的一个点连线形成正交且离光标最近的点 |
| 捕捉到平行线 | PAR | 捕捉到与指定线平行的线上的点 |
| 捕捉到插入点 | INS | 捕捉相关实体（块、图形、文字或属性）的插入点 |
| 捕捉到节点 | NOD | 捕捉到节点对象（点对象） |
| 捕捉到最近点 | NEA | 捕捉到相关实体离拾取点最近的点 |
| 无捕捉 | NON | 关闭下一点的对象捕捉模式 |
| 对象捕捉设置 | | 设置自动对象捕捉模式 |

2. 自动对象捕捉

使用自动对象捕捉功能，首先要设置对象捕捉模式，并将自动对象捕捉功能打开。

可通过以下方法完成自动对象捕捉模式的设置，并打开或关闭自动对象捕捉功能：

● 状态栏法：将鼠标放在状态栏中的“对象捕捉”开关按钮上并点击右键，然后在弹出的快捷菜单中选择“设置（S）…”；

● 下拉菜单法：工具→草图设置…；

• 键盘输入法:Osnap(简捷命令为 Os)↓。

执行命令后,弹出如图 1-15 所示的"草图设置"对话框,在该对话框中可以设置对象捕捉模式。选择需要捕捉的特征点设置为自动对象捕捉模式。

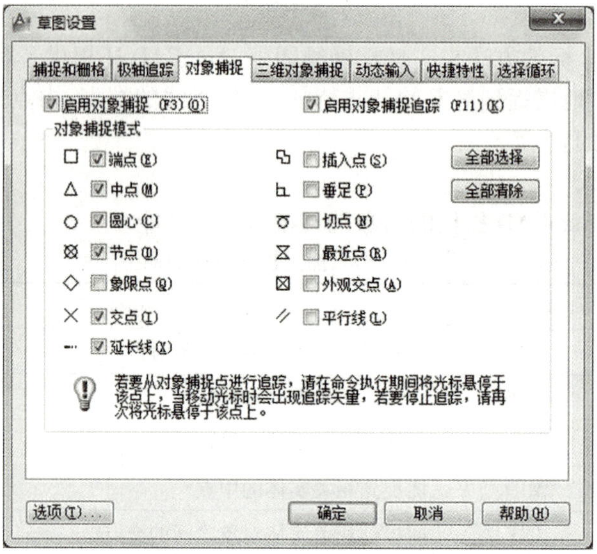


图 1-15 "草图设置"对话框

使用自动对象捕捉功能时,应使其处于打开状态。执行命令过程中,当光标移动到这些特征点附近时,系统会自动捕捉到符合条件的特征点并显示出相应的标识和提示,从而提高了绘图精度和速度。

在如图 1-15 所示的"草图设置"对话框中,利用"启用对象捕捉"复选框可以打开或关闭自动对象捕捉功能。

打开或关闭自动对象捕捉功能也可通过下述方法:

• 功能键法:F3;

• 状态栏法:单击"对象捕捉"开关按钮。按钮亮显时,为打开状态;按钮变灰时,为关闭状态。

注意:使用自动对象捕捉功能时,捕捉处的特征点过多反而会影响正常绘图,因此只把常用自动对象捕捉模式设为打开,其余模式可以临时对象捕捉的方式使用。

3. 临时对象捕捉

利用对象捕捉快捷菜单可实现临时对象捕捉。其特点是一次只能捕捉对象上的一个特征点,而且只能使用一次,再次使用必须重新设置。

打开临时对象捕捉功能可通过下述方法:在命令执行过程中,将鼠标置于绘图区直接按鼠标右键,在弹出的快捷菜单中选择"捕捉替代";或按住 Shift 键或 Ctrl 键,同时单击鼠标右键,均可弹出特征点的图标菜单,如图 1-16 所示。

**【例 1-3】** 利用对象捕捉功能完成如图 1-17 所示图形的绘制。

利用对象捕捉功能绘制如图 1-17 所示图形,命令行提示如下:

命令:_Circle 指定圆的圆心或[三点(3P)/两点(2P)/相切、相切、半径(T)]:

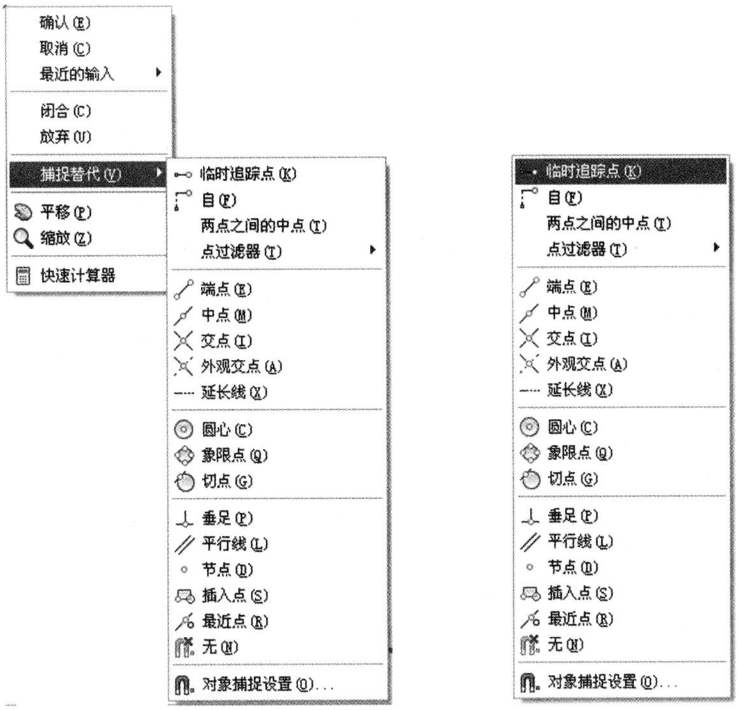


图 1-16　对象捕捉特征点的图标菜单

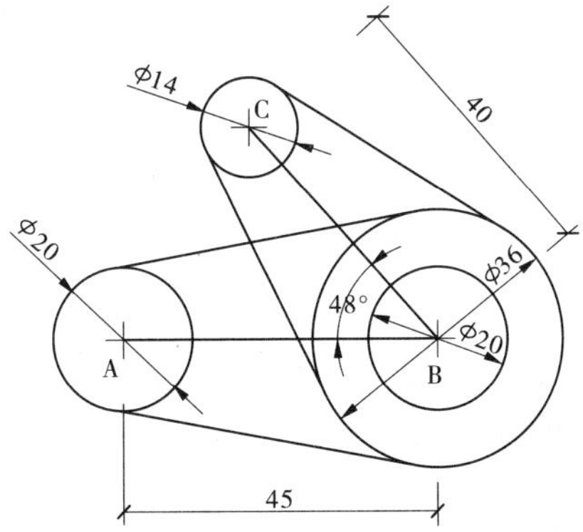


图 1-17　利用对象捕捉功能绘制图形

//在任意位置点击；

指定圆的半径或［直径(D)］:10　　//输入半径为 10 的圆并结束命令；

命令：_Line 指定第一点：　　//捕捉圆心 A 点；

指定下一点或［放弃(U)］：<正交 开> 45　//打开正交并输入长度 45；

指定下一点或［放弃(U)］：>>　　//设置极轴追踪增量角为 132 度，然后继续绘制直线；

正在恢复执行 Line 命令。

指定下一点或［放弃(U)］：40

//出现 132 度的追踪线之后输入长度 40 并结束命令；

命令：_Circle 指定圆的圆心或［三点(3P)/两点(2P)/相切、相切、半径(T)］：

//捕捉 B 点为圆心；

指定圆的半径或［直径(D)］ <10.0000>：10//输入半径 10；

重复画圆命令绘制 $\phi$36 和 $\phi$14 的圆。

命令：_Line 指定第一点：　　　　　　//捕捉 A 圆的 270 度象限点；

指定下一点或［放弃(U)］：　　　　　//捕捉 B $\phi$36 圆的切点并结束命令。

重复直线命令。

命令：Line 指定第一点：　　　　　　//捕捉 A 圆的 90 度象限点；

指定下一点或［放弃(U)］：　　　　　//捕捉 B $\phi$36 圆的切点并结束命令；

命令：Line 指定第一点：_tan 到　　　//利用临时对象捕捉模式捕捉 C 圆的切点；

指定下一点或［放弃(U)］：_tan 到

//利用临时对象捕捉模式捕捉 B $\phi$36 圆的切点并结束命令。

同理绘制 C 圆和 B $\phi$36 圆的另外一条切线。

利用对象捕捉功能绘图过程图解如图 1-18 所示。

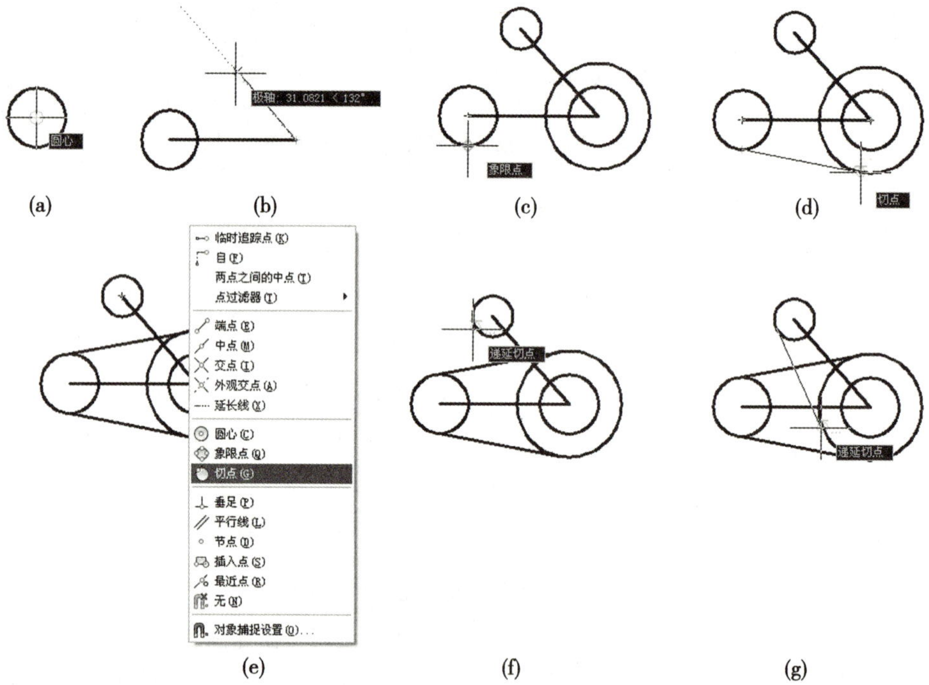


**图 1-18　利用对象捕捉功能绘图过程图解**

4. 自动追踪功能

自动追踪功能是帮助用户通过与前一点或与其他对象上特征点间的特定关系来创建对象，从而准确、迅速地绘制图形。

1）极轴追踪功能

极轴追踪功能可认为是极坐标功能的一种应用。启动该功能后，当光标经过所设置极轴增量角及其倍角的方向时，将形成一条辅助追踪线并有工具栏提示，沿着这条辅助线很容易追踪到所需点。

通过下面方法可进行极轴追踪设置，打开或关闭极轴追踪功能：

- 状态栏法：将鼠标放在状态栏中的“极轴追踪”开关按钮上并点击右键，然后在弹出的快捷菜单中选择“设置(S)…”；
- 下拉菜单法：工具→草图设置…。

单击“草图设置”对话框中的“极轴追踪”选项卡，如图 1-19 所示。

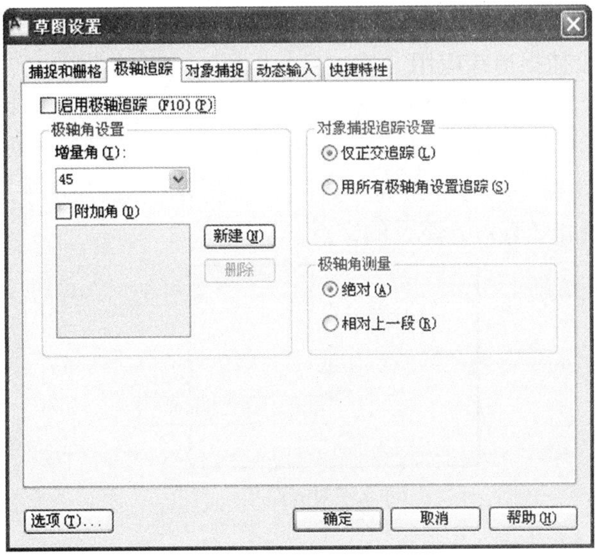


**图 1-19 “极轴追踪”选项卡**

“极轴角设置”选项组：在“增量角”下拉列表中可设置极轴追踪角度。若该角度输入为 30，则当光标经过 0°、30°、60°等 30°角及其倍角时，系统都会显示一条辅助追踪线。

“对象捕捉追踪设置”选项组：可设置对象捕捉追踪的模式。若“仅正交追踪”功能打开，表示只允许光标沿水平或竖直方向进行对象捕捉追踪；若“用所有极轴角设置追踪”功能打开，则表示可以沿任何极轴追踪角方向进行对象捕捉追踪。

“极轴角测量”选项组：可设置极坐标追踪的角度测量基准。“绝对”单选按钮，表示以当前坐标系的 X 轴正方向为基准测量极坐标追踪角度；“相对上一段”单选按钮，表示基于所绘制的上一直线段确定极轴追踪角度。

在该选项卡中，勾选“启用极轴追踪”复选框可打开极轴追踪功能。

打开或关闭极轴追踪功能，可按功能键 F10 或单击状态栏中的“极轴”开关按钮。

正交功能和极轴追踪功能不可同时使用，但正交功能的使用可以理解为将极轴追踪角度设置为 90°进行极轴追踪。

2) 对象捕捉追踪功能

对象捕捉追踪是在对象捕捉功能的基础上进行的。在使用对象捕捉追踪功能前，应先设置好对象捕捉特征点，并将对象捕捉功能打开。

通过下面方法进行对象捕捉追踪设置，并打开或关闭对象捕捉追踪功能：

• 状态栏法:将鼠标放在状态栏中的“对象捕捉追踪”开关按钮上并点击右键,然后在弹出的快捷菜单中选择“设置(S)…”;

• 下拉菜单法:工具→草图设置…。

在“对象捕捉”选项卡中,勾选“启用对象捕捉追踪”复选框,打开对象追踪功能。使用该功能,光标能够沿着选择的捕捉点所生成的辅助线方向进行追踪,直至找到所需的准确位置。一般可以从捕捉点沿水平对齐、竖直对齐或沿极轴追踪角度对齐方向进行追踪。

打开或关闭对象捕捉追踪功能,可按功能键 F11 或单击状态栏中“对象捕捉追踪”开关按钮。

**【例 1-4】** 对象捕捉追踪应用。

绘图时,将光标放置在对象捕捉点的附近,鼠标不进行点击而是稍稍停顿便可获取该点,此时该点上显示出标记,然后在水平对齐、竖直对齐或按设置的极轴追踪角度对齐方向上拖动鼠标显示出需要的对齐路径。如图 1-20 所示,分别为水平对齐路径、竖直对齐路径、水平对齐路径和竖直对齐路径的交点。

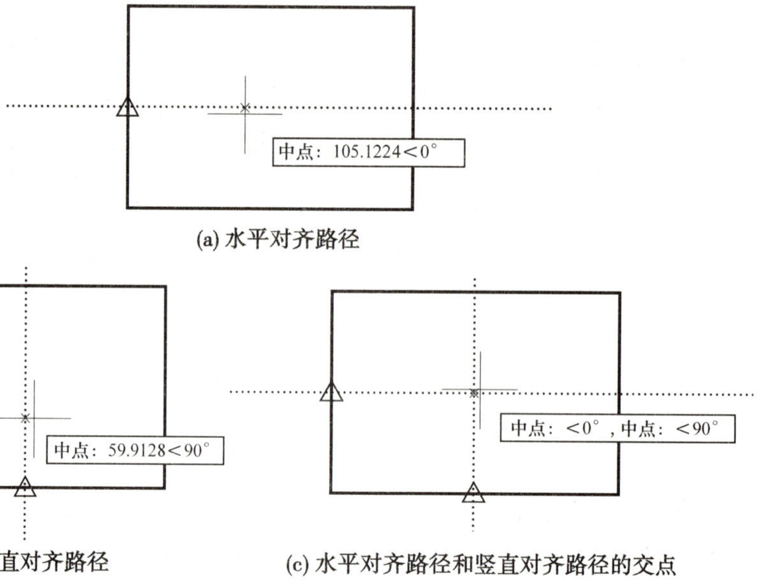


图 1-20 对象捕捉追踪应用

5. 捕捉自功能

捕捉自功能不属于对象捕捉模式,但经常与对象捕捉功能一起使用,用于确定一个与捕捉的临时参照点有一定偏移量的点。在执行命令过程中,欲确定某点位置时,若启用捕捉自功能,则系统提示选择基点,并将所选基点作为临时参照点;接下来按提示输入欲确定点与所选基点间的坐标偏移量即可。

注意:输入两点间的坐标偏移量,一般采用相对坐标输入法。

**【例 1-5】** 利用直线和捕捉自功能绘制如图 1-21 所示门的图例。

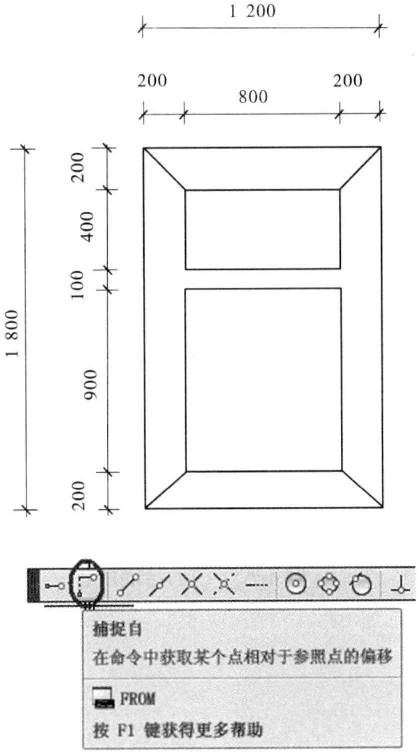


**图 1-21　利用捕捉自功能绘制门**

利用捕捉自功能绘制门,命令行提示如下:

命令:_Line 指定第一点:

指定下一点或[放弃(U)]:　<正交 开> 1800↓

指定下一点或[放弃(U)]:1200↓

指定下一点或[闭合(C)/放弃(U)]:1800↓

指定下一点或[闭合(C)/放弃(U)]:C↓

命令:_Line 指定第一点:_FROM 基点:<偏移>:@200,-200

//从"对象捕捉"工具条中点击"捕捉自"命令并选择 A 点为基点,输入偏移距离@200,-200;

指定下一点或[放弃(U)]:800↓　　　　//打开"正交"模式水平绘制长度为800;

指定下一点或[放弃(U)]:400↓　　　　//打开"正交"模式垂直绘制长度为400;

指定下一点或[闭合(C)/放弃(U)]:800↓

指定下一点或[闭合(C)/放弃(U)]:C↓

命令:_Line 指定第一点:_FROM 基点:<偏移>:@0,-100↓

//从"对象捕捉"工具条中点击"捕捉自"命令并选择 B 点为基点,输入偏移距离@0,-100;

指定下一点或[放弃(U)]:800↓

指定下一点或[放弃(U)]:900↓

指定下一点或［闭合(C)/放弃(U)］: 800↓
指定下一点或［闭合(C)/放弃(U)］: C↓
最后利用直线命令和捕捉端点对象完成图形，如图 1-22 所示。

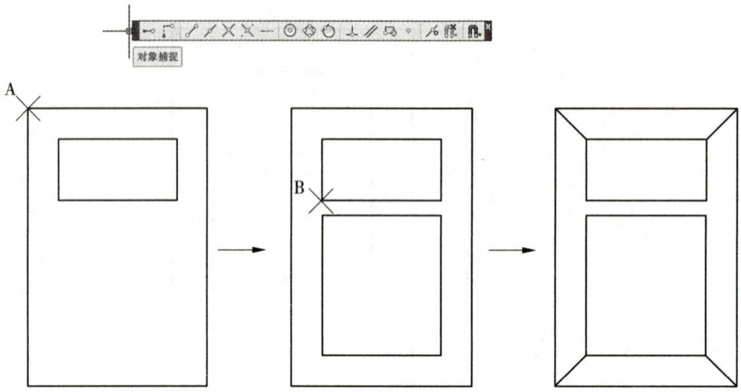


(a)　　(b)　　(c)

**图 1-22　门的绘制过程**

# 第二章　AutoCAD 基本操作

绘图与修改功能是 AutoCAD 二维绘图的主要功能,也是最基本的功能。本章主要介绍 AutoCAD 二维绘图的基本命令和编辑方法,以及填充命令的使用。学完本章后,要求能够熟练运用这些基本功能绘制简单工程形体。

## 第一节　基本绘图命令

### 一、直线的绘制

一条线段即是一个图元,在 AutoCAD 中,图元是最小的图形元素,它不能再被分解,一个图形由若干个图元构成。

**(一)绘制构造线**

构造线是在屏幕上生成的向两端无限延伸的直线,它没有起点和终点。构造线主要用作绘图时的辅助线。

调用构造线命令的方法为:

- 单击按钮法:(构造线——在“绘图”工具栏中);
- 下拉菜单法:绘图→构造线;
- 键盘输入法: Xline(简捷命令为 Xl)↓。

构造线命令执行过程如下:

命令: _Xline 指定点或[水平(H)/垂直(V)/角度(A)/二等分(B)/偏移(O)]:

其中各选项的功能如下:

(1)指定点:用无限长直线所通过的两点定义构造线的位置。

(2)水平(H)/垂直(V):创建一条通过选定点的水平或垂直参照线。

(3)角度(A):以指定的角度创建一条参照线。

(4)二等分(B):创建一条参照线,它经过选定的角顶点,并且将选定的两条线之间的夹角平分。

(5)偏移(O):创建平行于另一个对象的参照线。可以指定偏移距离或[通过(T)]。

**(二)绘制多段线**

多段线是宽窄相同或不同的直线段或弧线段的组合,如图 2-1 所示。可以利用 Pedit(多段线编辑)命令对多段线进行各种编辑。

调用多段线命令的方法为:

- 单击按钮法:(多段线——在“绘图”工具栏中);
- 下拉菜单法:绘图→多段线;
- 键盘输入法:Pline(简捷命令为 Pl)↓。

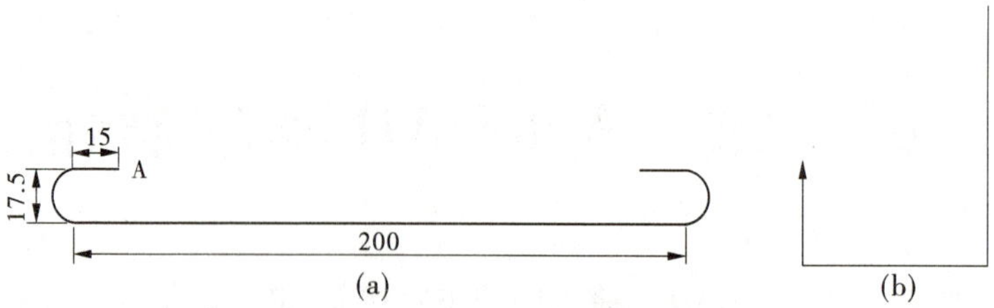


图 2-1　利用多段线命令绘制图形

多段线命令执行过程如下：

命令：_ Pline

指定起点：

当前线宽为 0.0000

指定下一个点或[圆弧(A)/半宽(H)/长度(L)/放弃(U)/宽度(W)]：

多段线命令中 5 个选项的功能如下：

(1)圆弧(A)：该选项用于绘制弧线段。

(2)半宽(H)：该选项用于指定从多段线线段的中心到其一边边缘的宽度。

(3)长度(L)：该选项用于在与前一段相同的角度方向上绘制指定长度的直线段。

(4)宽度(W)：该选项用于设置下一直线段或者弧线的宽度。

(5)放弃(U)：该选项用于删除最近一次添加到多段线上的直线段或者弧线。

注意：该命令可以利用"闭合(C)"选项创建闭合的多段线。

**【例 2-1】** 利用多段线命令绘制如图 2-1 所示横向钢筋和箭头。

可按下述步骤绘制：

(1)绘制横向钢筋，如图 2-1(a)所示。命令行提示如下：

命令：_Pline

指定起点：　　//鼠标左键单击点 A；

当前线宽为 0.0000

指定下一点或 [圆弧(A)/半宽(H)/长度(L)/放弃(U)/宽度(W)]：W↓

指定起点宽度 <0.0000>：1↓

指定端点宽度 <1.0000>：↓

指定下一点或 [圆弧(A)/半宽(H)/长度(L)/放弃(U)/宽度(W)]：15↓

指定下一点或 [圆弧(A)/闭合(C)/半宽(H)/长度(L)/放弃(U)/宽度(W)]：A↓

指定圆弧的端点或[角度(A)/圆心(CE)/闭合(CL)/方向(D)/半宽(H)/直线(L)/半径(R)/第二个点(S)/放弃(U)/宽度(W)]：17.5↓　　//最好打开正交功能；

指定圆弧的端点或[角度(A)/圆心(CE)/闭合(CL)/方向(D)/半宽(H)/直线(L)/半径(R)/第二个点(S)/放弃(U)/宽度(W)]：L↓

指定下一点或[圆弧(A)/闭合(C)/半宽(H)/长度(L)/放弃(U)/宽度(W)]：200

指定下一点或 [圆弧(A)/闭合(C)/半宽(H)/长度(L)/放弃(U)/宽度(W)]：A↓

指定圆弧的端点或[角度(A)/圆心(CE)/闭合(CL)/方向(D)/半宽(H)/直线(L)/半径(R)/第二个点(S)/放弃(U)/宽度(W)]：17.5↓

指定圆弧的端点或[角度(A)/圆心(CE)/闭合(CL)/方向(D)/半宽(H)/直线(L)/半径(R)/第二个点(S)/放弃(U)/宽度(W)]:L↓

指定下一点或[圆弧(A)/闭合(C)/半宽(H)/长度(L)/放弃(U)/宽度(W)]:15↓

指定下一点或[圆弧(A)/闭合(C)/半宽(H)/长度(L)/放弃(U)/宽度(W)]:↓

(2)绘制箭头,如图 2-1(b)所示。箭头尾部宽度为粗实线宽度 b,箭头长度为 4b。

**(三)绘制多线**

多线是一种由多条平行线组成的线型,可根据需要对组成多线的每一条图线进行设置。多线常用于绘制建筑图中的墙体、窗图例等平行线对象。

调用多线命令的方法为:

- 下拉菜单法:绘图→多线;
- 键盘输入法:Mline(简捷命令为 Ml)↓。

当激活多线命令后,命令行提示如下:

命令:_Mline

当前设置:对正 = 上,比例 = 20.00,样式 = STANDARD

指定起点或[对正(J)/比例(S)/样式(ST)]:

多线命令中选项的功能如下:

(1)对正(J):设置基准对正位置,包括以下三种选项:

①上(T):以多线的上方线为基准线绘制多线;

②无(Z):以多线的零线为基准线绘制多线;

③下(B):以多线的下方线为基准线绘制多线。

注意:当按顺时针方向绘制多线时,上方线指处于最外侧的线,下方线指处于最内侧的线;当按逆时针方向绘制多线时,上方线指处于最内侧的线,下方线指处于最外侧的线。

(2)比例(S):指将多线宽度放大的比例,多线的总宽度为多线样式设置中定义的宽度与比例的乘积。

(3)样式(ST):输入采用的多线样式名,缺省为 STANDARD。

1. 多线样式设置

在绘制多线之前一般需要设置多线的样式,设置多线样式的方法为:

- 下拉菜单法:格式→多线样式;
- 键盘输入法:Mlstyle↓。

输入多线样式命令后,弹出如图 2-2 所示的“多线样式”对话框,在该对话框可以新建、修改、重命名、删除、保存和加载多线样式。

“多线样式”对话框中各选项的功能如下:

(1)置为当前:从列表中选择一个样式名,使其成为当前样式。

(2)新建:创建新的多线样式。

(3)修改:修改选定的多线样式,但不能修改默认的 STANDARD 多线样式。

(4)重命名:重命名当前选定的多线样式,但不能重命名 STANDARD 多线样式。

(5)删除:从“样式”列表中删除当前选定的多线样式。

(6)加载:可以从指定的 MLN 文件中加载多线样式。

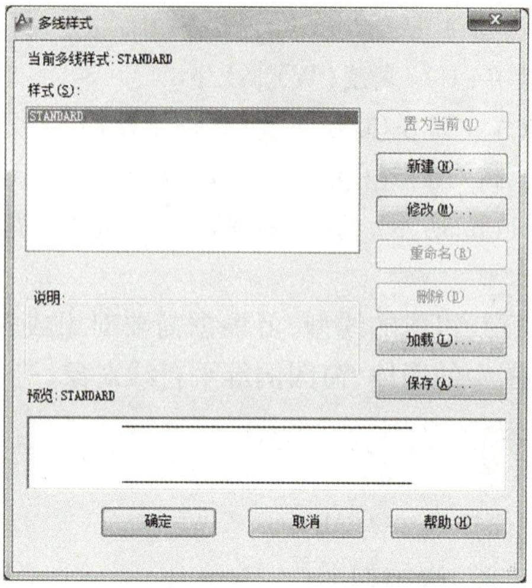


图 2-2 “多线样式”对话框

(7)保存:将多线样式保存或复制到多线库(MLN)文件中,默认文件名为 acad. mln。

2. 创建多线样式

激活如图 2-2 所示的“多线样式”窗口,并选择“新建”选项,显示如图 2-3 所示的“创建新的多线样式”对话框,输入新样式名后单击“继续”按钮,弹出如图 2-4 所示的“新建多线样式:37 墙”对话框。该对话框中各选项的功能如下:

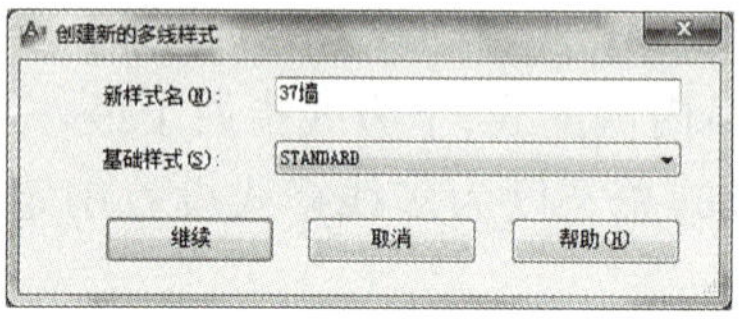


图 2-3 “创建新的多线样式”对话框

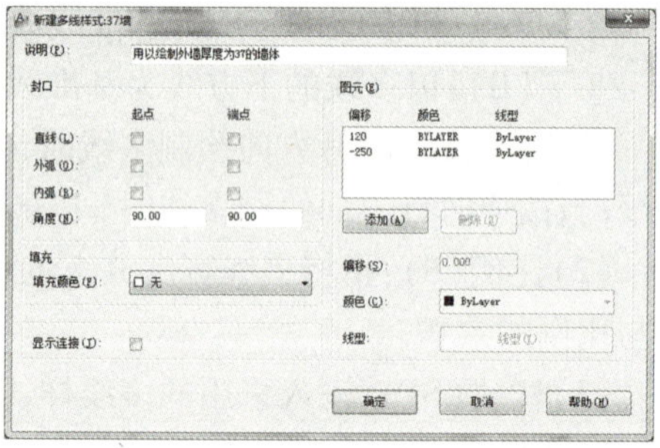


图 2-4 “新建多线样式:37 墙”对话框

(1)“说明”文本框:用于输入多线样式的说明信息。当在“多线样式”列表中选中多线时,说明信息将显示在“说明”区域中。

(2)“封口”选项区域:用于控制多线起点和端点处的样式,有三种封口样式,如图 2-5 所示。

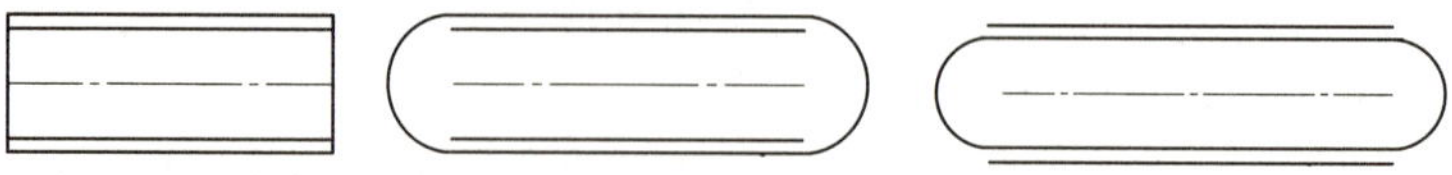

(a)封口为直线　(b)封口为外弧　(c)封口为内弧

图 2-5 三种封口样式

(3)“填充”选项区域:用于设置是否填充多线的背景。

(4)“显示连接”复选框:选中该复选框,可以在多线的拐角处显示连接线,否则不显示,如图 2-6 所示。

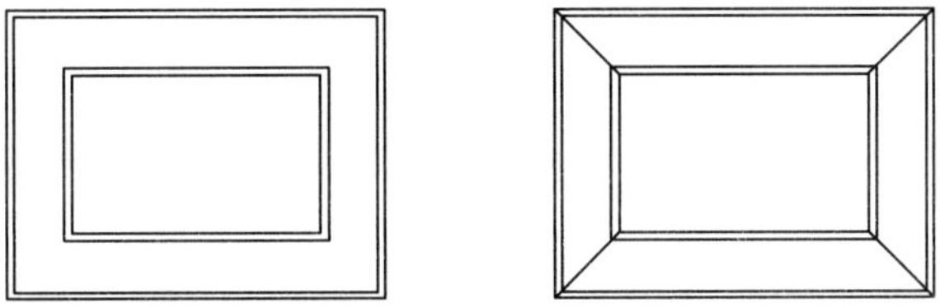

(a)不显示连接　　(b)显示连接

**图 2-6　不显示连接和显示连接结果对比**

(5)“图元”选项区域:可以设置多线样式的元素特性,包括多线的线条数目、每条线的颜色和线型等特性。如图 2-7 所示为 24 墙窗户图例。

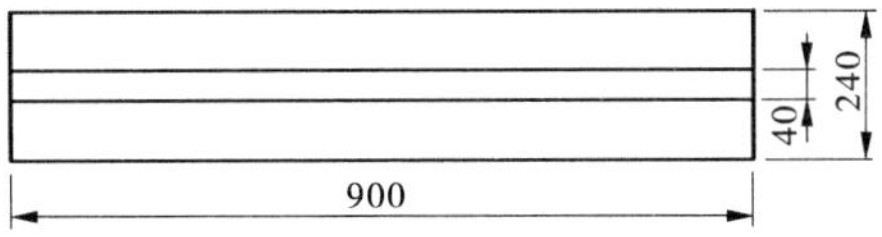


**图 2-7　利用多线命令绘制窗户图例**

3. 编辑多线

多线的编辑是采用专门的编辑工具来完成的,在“多线编辑工具”对话框(见图 2-8)中提供了可以控制多线之间相交时的连接方式,增加或删除多线的顶点,控制多线的打断或结合的编辑工具。调用“多线编辑工具”对话框的方法如下:

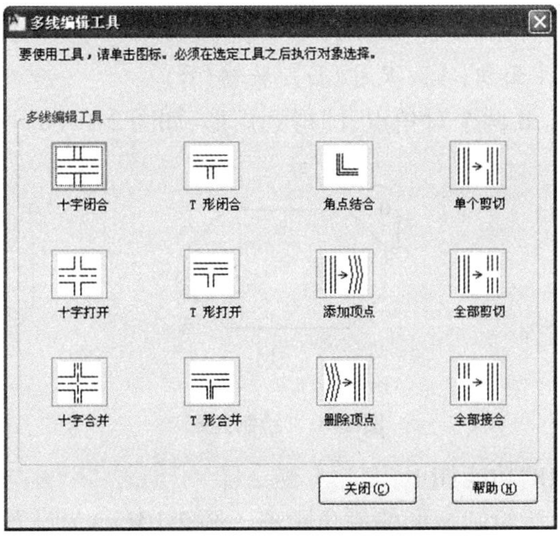


**图 2-8　“多线编辑工具”对话框**

- 下拉菜单法:修改→对象→多线;
- 键盘输入法:Mledit ↓ 。

利用该对话框,可以创建或修改多线样式。对话框中分 4 列显示了示例图形。其中,第 1 列为十字交叉形多线，第 2 列为 T 形多线，第 3 列为角点结合形多线，第 4 列为多线被剪切或连接的形式。如图 2-9 所示为多线编辑的效果。

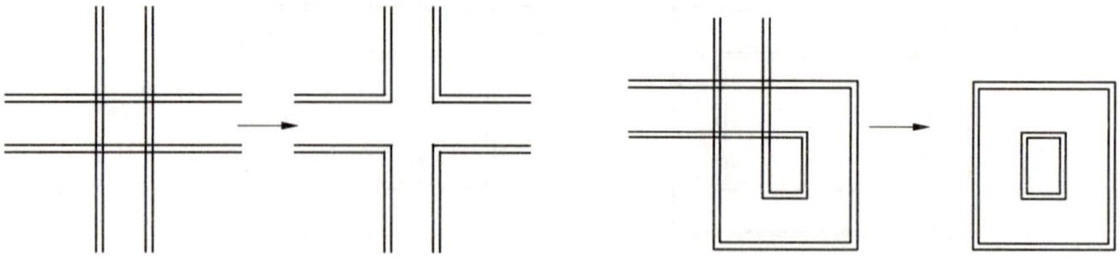

(a)十字合并后效果　　(b)角点结合后效果

**图 2-9　多线编辑的效果**

## 二、矩形和正多边形的绘制

### （一）绘制矩形

矩形是多边形的一种，是工程图中经常出现的图形对象。

调用矩形命令的方法为：

- 单击按钮法：▭（矩形——在“绘图”工具栏中）；
- 下拉菜单法：绘图→矩形；
- 键盘输入法：Rectang（简捷命令为 Rec）↓。

执行该命令后，命令行提示如下：

命令：Rectang↓

指定第一个角点或[倒角(C)/标高(E)/圆角(F)/厚度(T)/宽度(W)]：

//在点 A 处单击鼠标左键

指定另一个角点或[面积(A)/尺寸(D)/旋转(R)]：　　//在点 B 处单击鼠标左键

分别指定矩形的 A、B 两个对角点，即得到矩形，如图 2-10(a)所示。

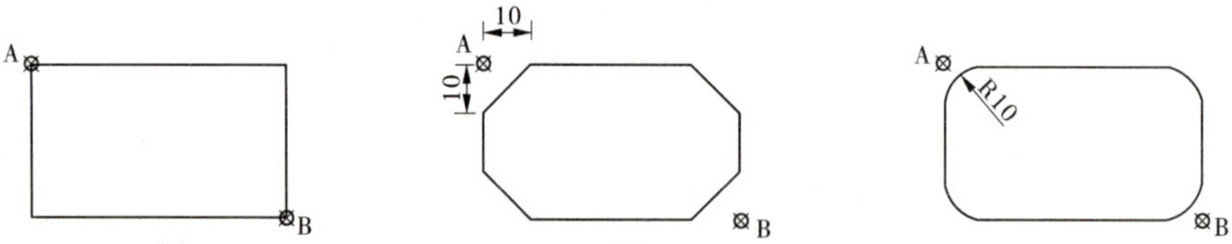


(a)　　(b)　　(c)

**图 2-10　绘制矩形**

该命令中主要选项的功能如下：

(1)倒角(C)：设置所绘制矩形的倒角距离。图 2-10(b)为设置“倒角距离 = 10”的绘制结果。

(2)圆角(F)：设置所绘制矩形的圆角半径。图 2-10(c)为设置“圆角半径 = 10”的绘制结果。

(3)宽度(W)：按已设定的线宽绘制矩形，此时需要指定矩形的线宽。

(4)尺寸(D):根据矩形的长度和宽度绘制矩形。

注意:退出该命令时,将保留现有的选项设置。

**(二)绘制正多边形**

Polygon 命令用于绘制一个正多边形,绘制边数最多达 1024 条。

调用正多边形命令的方法为:

- 单击按钮法:(正多边形——在“绘图”工具栏中);
- 下拉菜单法:绘图→正多边形;
- 键盘输入法:Polygon(简捷命令为 Pol)↓。

执行该命令后,命令行提示如下:

命令: _Polygon 输入边的数目 <4>:

指定正多边形的中心点或[边(E)]:

输入选项[内接于圆(I)/外切于圆(C)] <I>:

指定圆的半径:

该命令中主要选项的功能如下:

(1)内接于圆(I):绘制一个内接于假想圆的正多边形。正多边形中心到各顶点的距离等于圆的半径,如图 2-11(a)所示。

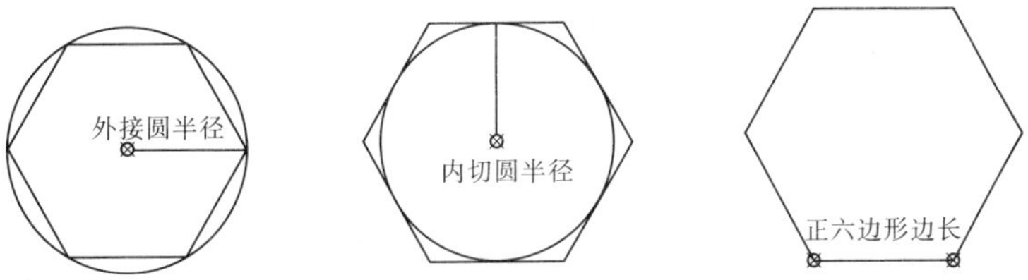


(a)内接正六边形　(b)外切正六边形　(c)已知边长绘制正六边形

**图 2-11　绘制正六边形**

(2)外切于圆(C):绘制一个外切于假想圆的正多边形。正多边形中心到各边中点的距离等于圆的半径,如图 2-11(b)所示。

(3)边(E):指定正多边形的边长。当已知正多边形的边长时用该方式,如图 2-11(c)所示。

## 三、常用曲线的绘制

图形元素中除直线外还有很多曲线类元素。如规则曲线、圆弧、椭圆、圆环和样条曲线等。其中,规则曲线的画法和我们用手工作图过程类似,即首先确定位置,如圆心所在的位置,然后给定半径和直径;若是圆弧,需给定包含角或起止点位置。

**(一)绘制圆弧**

调用圆弧命令的方法为:

- 单击按钮法:(圆弧——在“绘图”工具栏中);
- 下拉菜单法:绘图→圆弧→选择相应的子菜单;
- 键盘输入法:Arc(简捷命令为 A)↓。

Arc 命令提供了 11 种不同的绘制圆弧的方式。下面介绍其中两种圆弧命令的用法。

(1)已知起点、圆心和端点,绘制门的开启线,如图 2-12(a)所示。

命令执行过程如下:

命令:Arc ↓

指定圆弧的起点或[圆心(C)]: //鼠标单击点 2;

指定圆弧的第二个点或[圆心(C)/端点(E)]:C ↓ //选择圆心选项;

指定圆弧的圆心: //鼠标单击点 1;

指定圆弧的端点或[角度(A)/弦长(L)]: //鼠标单击点 3。

(2)已知起点、端点和半径,绘制水闸中墩简图,如图 2-12(b)所示。

命令执行过程如下:

命令: _Arc //绘图→圆弧→起点、端点、半径;

指定圆弧的起点或[圆心(C)]: //鼠标单击点 1;

指定圆弧的第二个点或[圆心(C)/端点(E)]: _e

指定圆弧的端点: //鼠标单击点 2;

指定圆弧的圆心或[角度(A)/方向(D)/半径(R)]: _r 指定圆弧的半径: 125 ↓

//输入半径值并回车。

另外一侧圆弧画法同上,起点单击 2 点,端点单击 3 点,如图 2-12(b)所示。

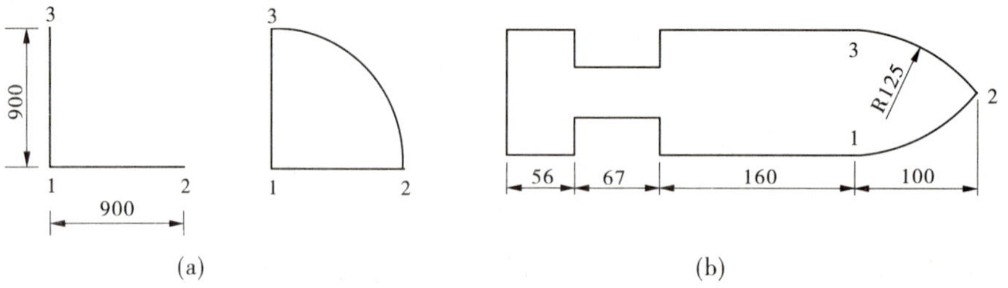


**图 2-12 圆弧的两种画法**

**(二)绘制椭圆**

调用椭圆命令的方法为:

- 单击按钮法:(椭圆或椭圆弧——均在"绘图"工具栏中);
- 下拉菜单法:绘图→椭圆→选择相应的子菜单;
- 键盘输入法:Ellipse(简捷命令为 El) ↓ 。

执行椭圆命令后,命令执行过程如下:

命令:Ellipse ↓

指定椭圆的轴端点或[圆弧(A)/中心点(C)]:

可以通过椭圆的长短轴或中心点绘制椭圆,还可以通过选择圆弧(A)绘制椭圆弧。下面以绘制洗脸盆平面图(见图 2-13)为例进行说明,命令执行过程如下:

命令:_Ellipse ↓ //输入 Ellipse 命令并回车;

指定椭圆的轴端点或[圆弧(A)/中心点(C)]:C

//通过指定椭圆的圆心方式绘制椭圆;

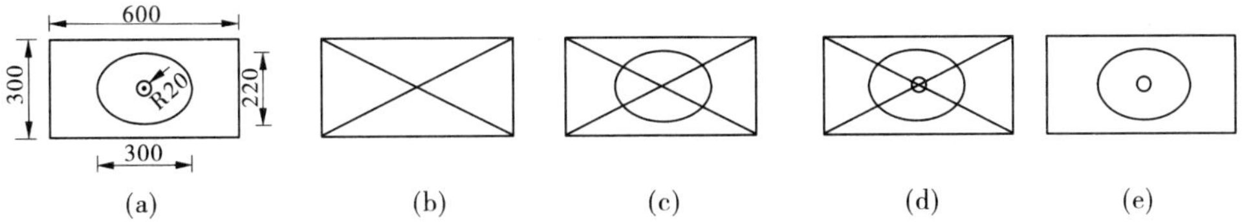


**图 2-13　绘制洗脸盆平面图**

指定椭圆的中心点：　　//拾取矩形对角线交点作为椭圆的中心点；
指定轴的端点:@150,0　//利用相对坐标输入椭圆长轴的一个端点。
指定另一条半轴长度或[旋转(R)]:@0,110
　　　　　　　　　　//利用相对坐标输入椭圆短轴的一个端点。

**(三)绘制圆环**

调用圆环命令的方法为:

- 下拉菜单法:绘图→圆环;
- 键盘输入法:Donut(简捷命令为 Do)↓。

利用绘制圆环命令可绘制填充的环或圆。通过指定不同的中心点,可以连续创建具有相同直径的多个圆环;要创建填充圆,应将内径值设置为 0。

在如图 2-14(a)所示轴网的各交点处,分别绘制内径为 10、外径为 20 的填充环和内径为 0、外径为 20 的填充圆,结果如图 2-14(b)所示。

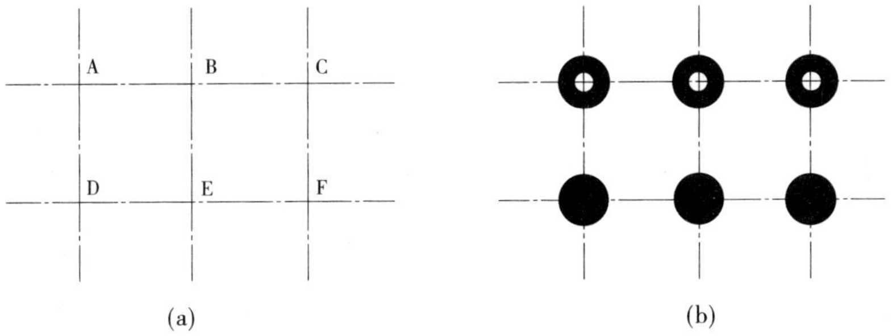


**图 2-14　利用圆环命令绘制钢筋混凝土柱体横断面**

可按下述步骤进行绘制:

(1)绘制填充环。

命令执行过程如下:

命令:Donut
指定圆环的内径 <0.5000 >:10　　//输入圆环的内径值;
指定圆环的外径 <1.0000 >:20　　//输入圆环的外径值;
指定圆环的中心点或 <退出 >:　　//鼠标左键单击点 A;
指定圆环的中心点或 <退出 >:　　//鼠标左键单击点 B;
指定圆环的中心点或 <退出 >:　　//鼠标左键单击点 C;
指定圆环的中心点或 <退出 >:↓　　//回车,结束命令。

(2)绘制填充圆。

按填充环的绘制方法,仅将内径值输入为0,中心点分别选择D、E、F即可。

**(四)绘制样条曲线**

样条曲线为形状不规则的曲线,可以通过指定点来创建样条曲线,也可以封闭样条曲线,使起点和端点重合。通常使用该命令绘制工程图中的等高线、波浪线等。

1. 绘制样条曲线

可通过以下几种方式调用绘制样条曲线的命令:

- 单击按钮法:(样条曲线——在"绘图"工具栏中);
- 下拉菜单法:绘图→样条曲线;
- 键盘输入法:Spline(简捷命令为Spl)↓。

激活样条曲线命令后,命令行提示如下:

指定第一个点或[对象(O)]:用指定的点创建样条曲线或将多段线编辑命令中使用样条曲线选项拟合的多段线转换为样条曲线。

指定下一点或[闭合(C)/拟合公差(F)] <起点切向>:

该命令主要选项的功能如下:

(1)闭合(C):将最后一点定义为与第一点一致,并使它在连接处相切,这样可以闭合样条曲线。

(2)拟合公差(F):该选项用于设定样条曲线拟合公差的数值。该数值的含义是指实际样条曲线与输入的控制点之间允许的最大偏移距离,公差越小,样条曲线与拟合点越接近。

(3)起点切向:当绘制完样条曲线按Enter键后,命令行提示指定起点的切线方向,当指定了起点切线方向后,命令行提示指定终点的切线方向。

如果在指定起点和终点切向的提示下按Enter键,则AutoCAD将计算默认切向;否则,需要输入一个点或者使用"切点"和"垂足"对象捕捉模式,使样条曲线与已有的对象相切或垂直。

绘制如图2-15所示的类似正弦曲线形状的样条曲线的命令执行过程如下:

命令:_Spline

指定第一个点或[对象(O)]:　　//在绘图区域内任选一点作为点A;

指定下一点:@20,60　　//输入点B相对于点A的坐标;

指定下一点或[闭合(C)/拟合公差(F)] <起点切向>:@20,-60

　　//输入点C相对于点B的坐标;

指定下一点或[闭合(C)/拟合公差(F)] <起点切向>:@20,60

　　//输入点D相对于点C的坐标;

指定下一点或[闭合(C)/拟合公差(F)] <起点切向>:@20,-60

　　//输入点E相对于点D的坐标;

指定下一点或[闭合(C)/拟合公差(F)] <起点切向>:@20,60

　　//输入点F相对于点E的坐标;

指定下一点或[闭合(C)/拟合公差(F)] <起点切向>:@20,-60

指定下一点或[闭合(C)/拟合公差(F)] <起点切向>:↓

//输入点 G 相对于点 F 的坐标;

//指定点结束;

指定起点切向:↓ //选择默认切向;

指定端点切向:↓ //选择默认切向。

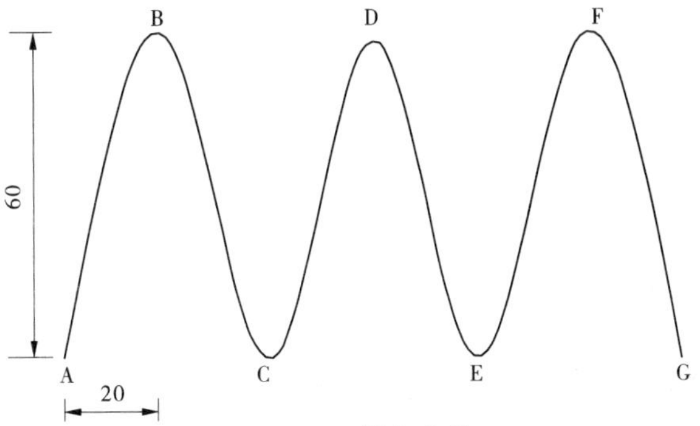


**图 2-15 样条曲线**

在利用样条曲线绘图时,每一个点都需要输入坐标值,一旦输入错误需重新输入,极不方便。因此,建议先把样条曲线上的所有关键点在文本编辑器里面编辑好,在激活样条曲线命令后,当命令行提示指定第一点时将文本编辑器里的各坐标值整体拷贝过来即可。

2. 编辑样条曲线

样条曲线的形状和特征可以通过其相应的编辑命令进行修改,一般采用以下两种方式调用样条曲线的编辑命令。

- 下拉菜单法:修改→对象→样条曲线;
- 键盘输入法:Splinedit(简捷命令为 Spe)↓。

命令行提示如下:

输入选项 [拟合数据(F)/闭合(C)/移动顶点(M)/精度(R)/反转(E)/放弃(U)]:

该命令各选项的功能如下:

(1)拟合数据(F):用于编辑样条曲线所通过的控制点。

(2)闭合(C):将开放样条曲线始末点连接成为连续闭合的曲线。

(3)移动顶点(M):可以移动样条曲线所通过的控制点。

(4)精度(R):可以通过添加、权值控制点及提高样条曲线阶数来修改样条曲线定义。

(5)反转(E):可以使样条曲线的方向相反。

(6)放弃(U):用于取消在编辑样条曲线时的上一步操作。

利用移动顶点的命令可以将图 2-16(a)中由样条曲线命令绘制的浆砌石符号的控制点 A 移动到新位置,以改变图形形状,结果见图 2-16(b)。

## 四、图案填充的绘制

在大量的工程图中,需要在剖视图、断面图上绘制填充图案,利用 AutoCAD 可以非常方便地进行图案填充。

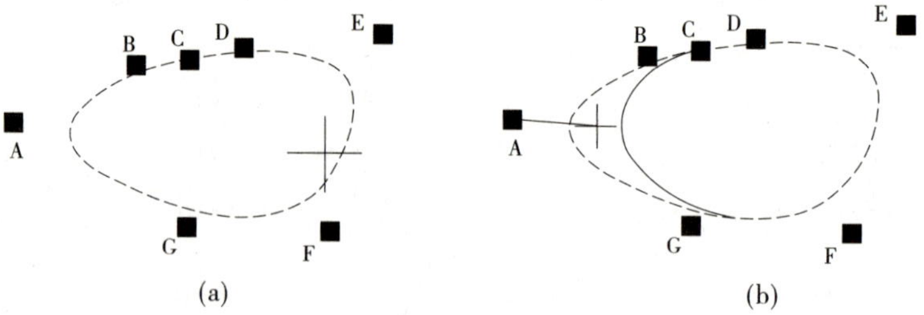


图 2-16 利用移动顶点命令编辑样条曲线

**(一)创建图案填充**

创建图案填充的步骤是:首先定义好填充边界,然后设置填充图案、样式、比例等参数,最后通过预览查看填充效果并进行调整,直到获得满意的图案填充。

创建图案填充的方式为:

- 单击按钮法:(图案填充——在“绘图”工具栏中);
- 下拉菜单法:绘图→图案填充;
- 键盘输入法:BHatch(简捷命令为 H)↓。

调用图案填充的命令后,屏幕上弹出“图案填充和渐变色”对话框,如图 2-17 所示,“图案填充”选项卡中的主要功能如下:

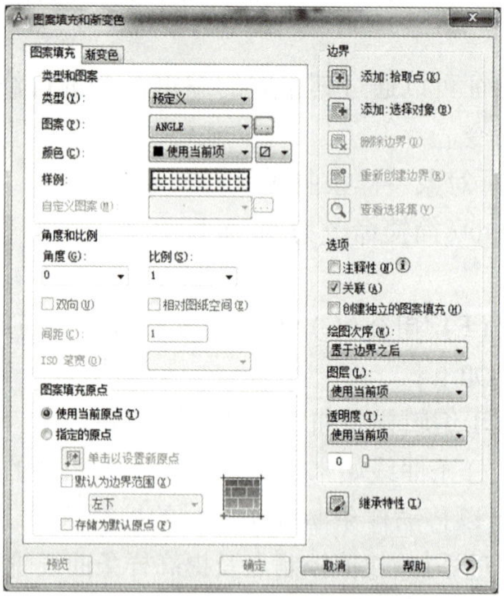


图 2-17 “图案填充和渐变色”对话框

(1)类型:图案填充类型,包括“预定义”、“用户定义”和“自定义”三种。预定义图案是指已经在 ACAD. PAT 文件中定义好的图案;用户定义图案是指使用当前线型定义的图案,只有两种形式:平行直线和两组互相平行的直线;自定义图案是指定义除 ACAD. PAT 文件外的其他文件中的图案。大多数情况下使用预定义图案即可,其包括了常用的几十种图案。

(2)图案:该下拉列表框显示了当前图案名称。单击下拉箭头,弹出图案名称列表,可以选择一种填充图案，如果单击图案右侧的按钮…，则弹出如图 2-18 所示的“填充图案选项板”对话框。

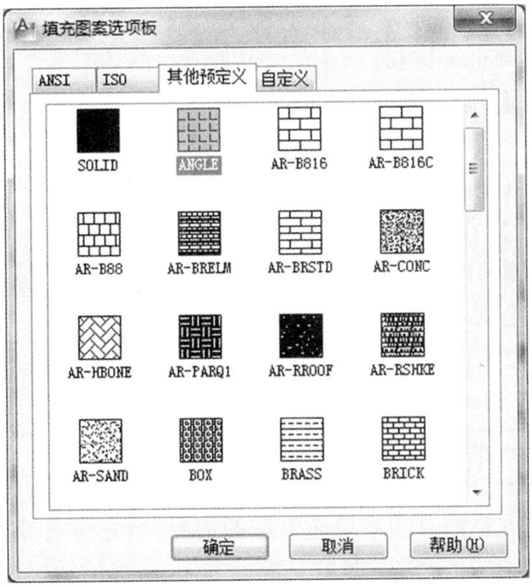


**图 2-18 “填充图案选项板”对话框**

(3)样例：显示当前的图案样式。单击显示的图案样式，同样会弹出“填充图案选项板”对话框。

(4)角度：图案自身的旋转角度。例如利用 ANSI31 图案绘制 60°或 30°的斜线时，可以输入角度对该图案进行旋转。

(5)比例：控制图案填充的稀密，比例大于 1 相当于放大图案，图案变得稀疏；比例小于 1 相当于缩小图案，图案变得稠密。

(6)边界：填充图案时，应为填充设定边界区域，这个区域要求是封闭的。在定义边界时方法很多，常通过“添加：拾取点”和“添加：选择对象”方法创建边界。

①拾取点：通过单击某一点，系统自动搜索围绕该点的一个最小的封闭区域。

②选择对象：通过选择对象的方式来产生一封闭的填充边界。

(7)关联：控制填充图案与边界的关联性，即用户在修改填充边界时是否影响已经填充的图案。

(8)创建独立的图案填充：选择该选项后，在将同一个填充图案同时应用于图形的多个区域时，每个填充区域都是一个独立的对象。单独修改某一个区域中的图案填充时，不会改变其他区域的图案填充。

(9)继承特性：将已经填充好的图案填充对象的特性应用于现在正在进行的图案填充中。

利用图案填充命令绘制如图 2-19 所示的圆管涵洞断面材料符号的步骤如下。

(1)圆管涵洞断面混凝土符号的填充。

①调用图案填充命令，出现如图 2-17 所示对话框，填充图案的类型设置为“预定义”，图案名称为 AR－CONC，边界如果选择“添加：拾取点”，则在圆管内径与外径之间拾取一

点;如果选择"添加:拾取对象",则相继单击两圆。

②单击"预览"按钮,观察图案填充的稀密是否合适,如合适则按 Enter 键接受填充;否则按 Esc 键回到对话框,重新设置填充比例,直到满意为止。

③重复以上步骤填充图案 ANSI31,注意两个填充图案的比例不一定相等。

(2)圆管下垫层浆砌石符号的绘制与填充。

①利用样条曲线绘制闭合的浆砌石符号,可以采用拷贝方式生成多个砌石。

②在命令行输入"Solid"并回车后,填充砌石间的空隙,形成浆砌石填充。

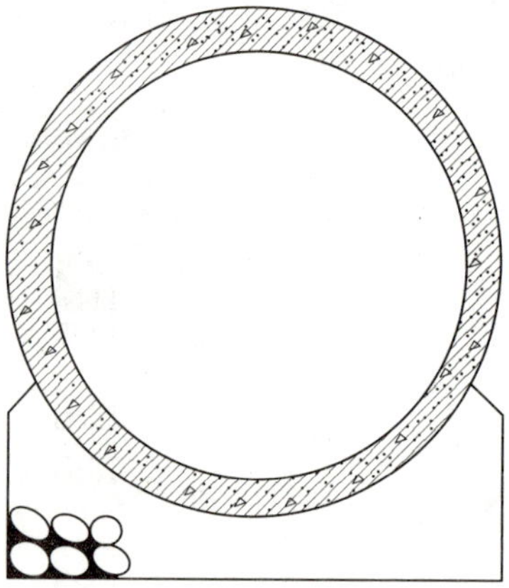

图 2-19 圆管涵洞断面填充

**(二)编辑图案填充**

图案填充后,有时需要修改图案填充区域的边界、填充图案等。一般用户可采用以下方式调用"图案填充编辑"命令对图案填充进行方便、快捷的编辑和修改。

编辑图案填充的方式为:

- 下拉菜单法:修改→对象→图案填充;
- 键盘输入法:Hatchedit↓。

执行命令后,命令行出现提示"选择图案填充对象",选择需进行编辑的填充对象,弹出"图案填充编辑"对话框,该对话框同"图案填充和渐变色"对话框。也可直接选择填充图案,然后单击鼠标右键,选择"编辑图案填充"项,还可以通过"特性"工具对图案填充进行修改。

## 第二节 基本编辑命令

### 一、选择对象的方法

在 AutoCAD 中,编辑修改对象时必须选定修改的图形或文字对象,才能对其进行相应的操作处理。AutoCAD 提供了多种选择对象的常用方法,本书仅介绍以下几种。

**(一)点选**

点选是一种默认的对象选择方式。用拾取框直接点取要选择的对象,每次只能选中一个对象,如图 2-20(a)所示。

**(二)框选**

框选是利用选择窗口进行对象选择的一种方式。可完成对多个对象的单次选择,选择效率高。框选主要包括矩形窗口选择、矩形交叉窗口选择、多边形窗口选择、多边形交叉窗口选择这几种方式。

(1)矩形窗口选择(W):从左到右指定角点创建窗口选择。将全部进入矩形框中的对象选中。如图 2-20(b)所示,窗口自点 1 向点 2 拉出。

(2)矩形交叉窗口选择(C):从右向左指定角点创建窗口选择。将全部或部分进入矩形框的对象选中。如图 2-20(c)所示,窗口自点 1 向点 2 拉出。

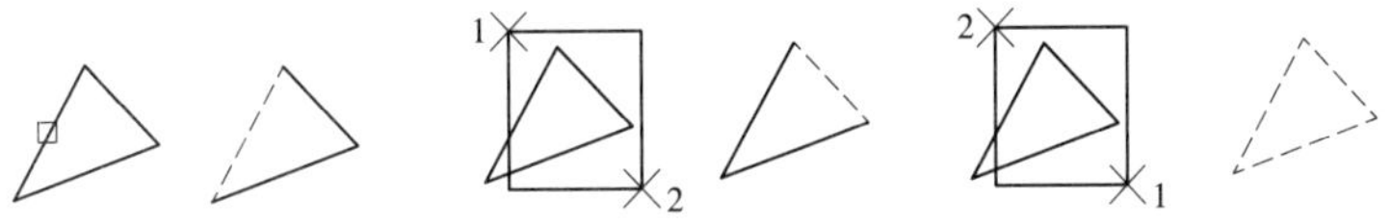

(a)单选　(b)矩形窗口选择　(c)矩形交叉窗口选择

**图 2-20　用不同方法选择对象的效果**

(3)多边形窗口选择(WP):用指定若干边界点的方式定义一个多边形选择区域,选择包含于该多边形范围内的对象。采用多边形窗口选择时,在命令行出现“选择对象:”提示时输入 WP 并按回车键,即可指定多边形的边界点。多边形边界显示为实线边界,只选中全部包含于该多边形范围内的对象。

(4)多边形交叉窗口选择(CP):多边形交叉窗口选择与多边形窗口选择类似,当命令行出现“选择对象:”提示时输入 CP 并按回车键,即可指定多边形的边界点,多边形边界显示为虚线边界,包含于多边形窗口内部及与多边形窗口相交的所有的对象均能被选中。

**(三)全部选择**

选取除关闭、冻结、锁定图层上的所有对象。具体操作在命令行出现“选择对象:”提示时输入 ALL 并按回车键,也可以利用组合键 Ctrl + A 先选择全部对象,再启动编辑命令。

## 二、复制对象的方法

任何图样中都会包含若干相同的图形对象,为了提高绘图效率,可根据若干相同图形对象的位置分布特点,利用 AutoCAD 的复制对象的方法快速创建这些相同的图形对象。

复制对象的方法主要包括复制、偏移、镜像、阵列 4 种编辑方法。

**(一)复制**

复制命令用于将选定的对象复制到指定的位置,且源对象保持不变。复制的对象与源对象方向、大小均相同,可一次复制出多个,直到按回车键结束。

可通过以下方式调用复制命令:

- 单击按钮法:(复制——在“修改”工具栏中);
- 下拉菜单法:修改→复制;
- 键盘输入法:Copy(简捷命令为 Co、Cp)↓。

注意:基点一般选择物体的角点或中心点等特殊位置点。

**(二)偏移**

偏移命令可创建选取对象的平行结构,如创建所选直线的平行直线、创建所选圆的同心圆等。可以进行偏移的图形对象包括直线、曲线、多边形、圆和圆弧等,如图 2-21 所示,选中的为要偏移的对象。常用此命令来进行辅助定位。

可通过以下方式调用偏移命令:

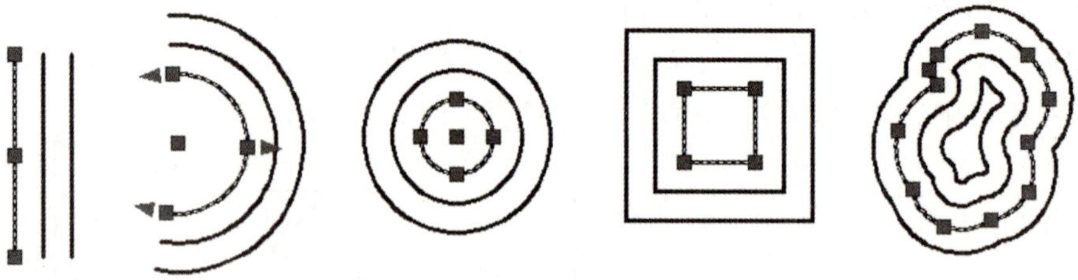

图 2-21　偏移对象示例

• 单击按钮法：（偏移——在“修改”工具栏中）；
• 下拉菜单法：修改→偏移；
• 键盘输入法：Offset（简捷命令为 O）↓。

执行命令后，命令行提示如下：

命令：Offset ↓　　　　　　　　　　　//在命令行输入 Offset 命令并回车；
当前设置：删除源 = 否　图层 = 当前　OFFSETGAPTYPE = 0；
指定偏移距离或［通过(T)/删除(E)/图层(L)］＜通过＞：

该命令各选项的功能如下：

(1)偏移距离：直接输入偏移量。
(2)通过(T)：新建的对象将通过指定点。
(3)删除(E)：偏移后是否删除源对象。
(4)图层(L)：选择对象偏移后所在的图层是当前层还是与源对象同层。

**(三)镜像**

镜像命令可以一条对称线来创建所选对象的镜像图形。镜像线不一定为实际存在的直线，只要在屏幕上任取两点，该两点连线即可作为镜像线。

可通过以下方式调用镜像命令：

• 单击按钮法：（镜像——在“修改”工具栏中）；
• 下拉菜单法：修改→镜像；
• 键盘输入法：Mirror（简捷命令为 Mi）↓。

1. 图形镜像

执行图形镜像命令后，命令行提示如下：

命令：Mirror ↓　　　　　　//在命令行输入 Mirror 命令并回车；
选择对象：　　　　　　　　//选择要进行镜像的对象；
指定镜像线的第一点：　　　//在屏幕上单击一点作为确定镜像线的第一点；
指定镜像线的第二点：　　　//在屏幕上单击一点作为确定镜像线的第二点；
要删除源对象吗？［是(Y)/否(N)］＜N＞：↓
　　　　　　　　　　　　　//是否要删除被镜像的对象，系统默认为 N。

2. 文字镜像

文字镜像后是否可识读，取决于系统变量 MIRRTEXT 的设置。

MIRRTEXT = 1 时，文字不可读（字符将被反转）；MIRRTEXT = 0（系统默认值）时，文字只是位置被镜像，本身仍保持不变，可以直接键入 MIRRTEXT 进行设置。

【例 2-2】 利用 Mirror 命令完成如图 2-22(a)所示炉灶的右半部分。

执行 Mirror 命令后,命令行提示如下:

命令:Mirror ↓ //在命令行输入 Mirror 命令并回车;

选择对象: //选择如图 2-22(a)所示左半个炉灶;

指定镜像线的第一点: //选择点 A;

指定镜像线的第二点: //选择点 B;

要删除源对象吗?[是(Y)/否(N)] <N>:↓//采用默认设置,直接回车。

设置 MIRRTEXT 值分别为 1,0,绘制结果见图 2-22(b)、(c)。

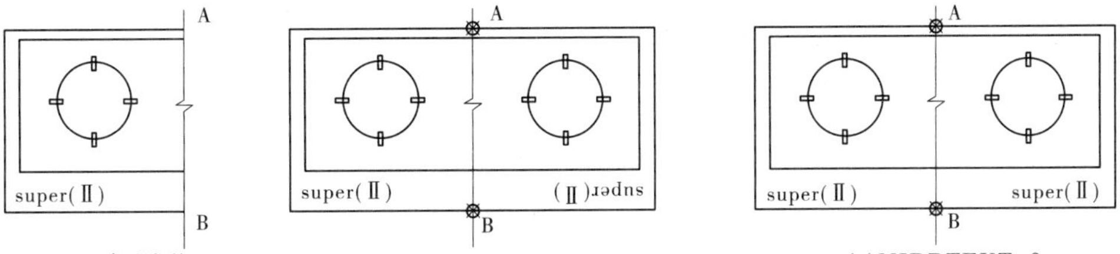


(a)已知图形 (b)MIRRTEXT=1 (c)MIRRTEXT=0

**图 2-22 MIRRTEXT 不同值时炉灶平面图镜像结果**

**(四)阵列**

阵列命令是将选定的对象按照矩形或环形排列的方式进行对象复制,适用于具有一定排列规则的图形对象的多重复制。

1. 矩形阵列

矩形阵列是指由选定对象按指定行数和列数的方式阵列创建新对象。可采用以下几种方式调用矩形阵列命令:

- 单击按钮法:(阵列——在“修改”工具栏中);
- 下拉菜单法:修改→阵列→矩形阵列;
- 键盘输入法:Array(简捷命令为 Ar)↓。

例如,将图 2-23(a)中的窗子进行矩形阵列得到图 2-23(b),具体过程如下:

设置矩形阵列为 2 行 6 列;选择窗子作为阵列对象;选择“计数”选项;输入行数和列数;行偏移量和列偏移量通过拾取点 B 来确定。

命令: Arrayrect //执行矩形阵列命令

选择对象: //选择阵列对象,如图 2-23(a)中的窗子 A

选择对象: //按 Enter 键确定选择

类型 = 矩形 关联 = 是

为项目数指定对角点或[基点(B)/角度(A)/计数(C)] <计数>: c

//选择“计数”选项

输入行数或[表达式(E)] <4>: 2 //输入阵列行数

输入列数或[表达式(E)] <4>: 6 //输入阵列列数

指定对角点以间隔项目或[间距(S)] <间距>: //输入对角点 B

按 Enter 键接受或[关联(AS)/基点(B)/行(R)/列(C)/层(L)/退出(X)]<退出>:↓

//按 Enter 键结束阵列命令,效果如图 2-23(b)所示。

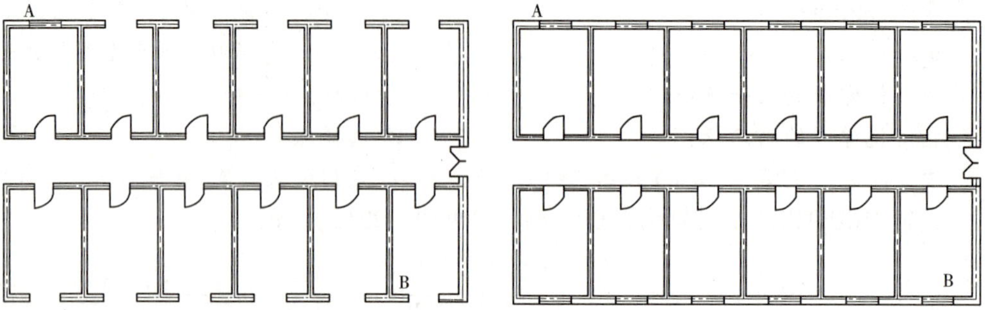


(a)　　　　(b)

图 2-23　窗子的矩形阵列

2. 环形阵列

环形阵列是指以围绕圆心复制选定对象的方式来创建阵列。可采用以下几种方式调用环形阵列命令:

- 单击按钮法:(阵列→环形阵列→在"修改"工具栏中);
- 下拉菜单法:修改→阵列→环形阵列;
- 键盘输入法:Arraypolar↓。

利用环形阵列命令在图 2-24(a)的基础上绘制图 2-24(b)所示水龙头手柄。其中,中心点应该选择三个同心圆的圆心。具体过程如下:

命令: Arraypolar　　　　//执行环形阵列命令

选择对象: 找到 1 个　　　　//选择阵列对象,如图 2-24(a)中的小圆部分

选择对象:　　　　//按 Enter 键确定选择

类型 = 极轴 关联 = 是

指定阵列的中心点或[基点(B)/旋转轴(A)]:　　　　//捕捉三个同心圆的圆心

输入项目数或[项目间角度(A)/表达式(E)]<4>:　　　　//输入阵列项目数

指定填充角度(+=逆时针、-=顺时针)或[表达式(EX)]<360>:

//输入填充角度

按 Enter 键接受或[关联(AS)/基点(B)/项目(I)/项目间角度(A)/填充角度(F)/行(ROW)/层(L)/旋转项目(ROT)/退出(X)]<退出>:

//按 Enter 键结束阵列命令,效果如图 2-24(b)所示。

## 三、改变对象位置的方法

绘制图形时,经常要将已经绘制的图形对象进行改变位置等编辑处理。AutoCAD 提供的编辑命令可以方便地对图形对象进行移动、旋转和删除等操作。

### (一)移动

移动命令用于将选定的对象从原来位置移到新的位置。移动命令只是改变图形对象

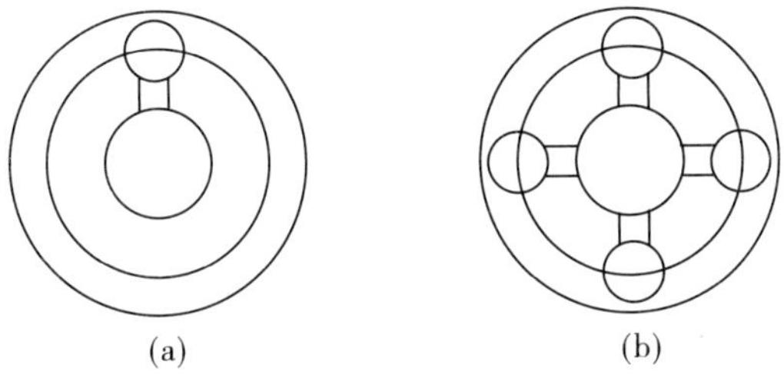


**图 2-24　水龙头手柄**

在图样中的位置，而图形的大小、形状不改变。

可通过以下方式调用移动命令：

- 单击按钮法：✥（移动——在“修改”工具栏中）；
- 下拉菜单法：修改→移动；
- 键盘输入法：Move（简捷命令为 M）↓。

移动图 2-25（a）中的圆 2，使圆 2 与圆 1 成为同心圆。执行移动命令后，命令行提示如下：

命令：Move↓　　//在命令行输入 Move 命令并回车；
选择对象：　　//选择圆 2；
选择对象：↓　　//回车，结束选择；
指定基点或［位移（D）］ <位移>：　　//单击圆心 2，作为基点；
指定第二个点或 <使用第一个点作为位移>：　　//单击圆心 1，作为第二个点。

绘制结果如图 2-25（b）所示。

注意：执行移动命令时，基点一般选择物体的角点或中心点等特殊位置点。

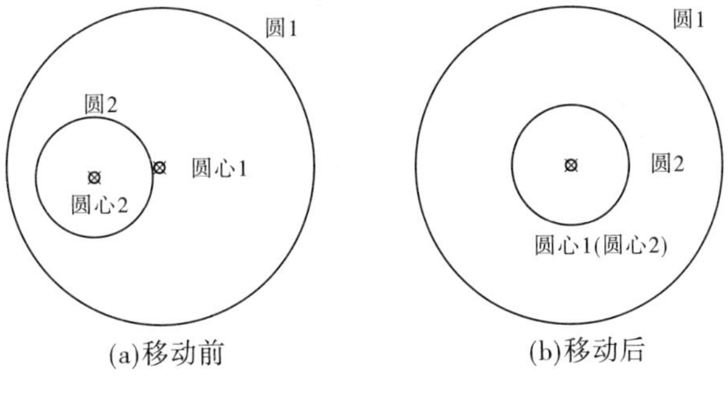


**图 2-25　移动命令的应用**

**（二）旋转**

在 AutoCAD 中，可以很容易地实现对当前图形的旋转，旋转对象后默认为删除原图，也可以设定保留原图。

可通过以下几种方式调用旋转命令：

• 单击按钮法：（旋转——在“修改”工具栏中）；
• 下拉菜单法：修改→旋转；
• 键盘输入法：Rotate（简捷命令为 Ro）↓。

执行旋转命令后，命令行提示如下：

命令：_ Rotate ↓
选择对象：　　　　　　　　　　　//选择需旋转的图形对象；
指定基点：　　　　　　　　　　　//指定一点作为旋转的基点；
指定旋转角度，或[复制(C)/参照(R)]：
　　　　　　　　　　　　　　　　//指定旋转角度、是否保留原图以及参照角度。

该命令各选项的功能如下：

(1)复制(C)：选择该项后，可以在不删除被旋转对象的情况下得到旋转后的图形对象。

(2)参照(R)：将对象从指定的角度旋转到新的绝对角度。“参照角度”和“新角度”均可以通过输入值或指定两点的方式确定，该选项适用于旋转角度未知的图形。

**【例 2-3】** 在图 2-26(a)的基础上利用旋转命令绘制如图 2-26(b)所示的电灯符号。

具体操作过程如下：

调用旋转命令，根据命令行提示选择对象为圆中的两条直线，指定圆心为旋转的基点，并设定旋转角度为 45°，即得到如图 2-26(b)所示的图形。

**【例 2-4】** 利用旋转命令的参照选项将图 2-27(a)中矩形的 AB 边旋转到与 AC 直线重合。具体操作过程如下：

(1)调用旋转命令并根据命令行提示选择矩形为旋转对象。

(2)指定点 A 作为旋转基点。

(3)选择参照方式旋转对象。

(4)在指定参照角度的提示下分别捕捉点 A 和点 B。

(5)在指定新角度的提示下捕捉点 C，得到旋转后的图形，如图 2-27(b)所示。

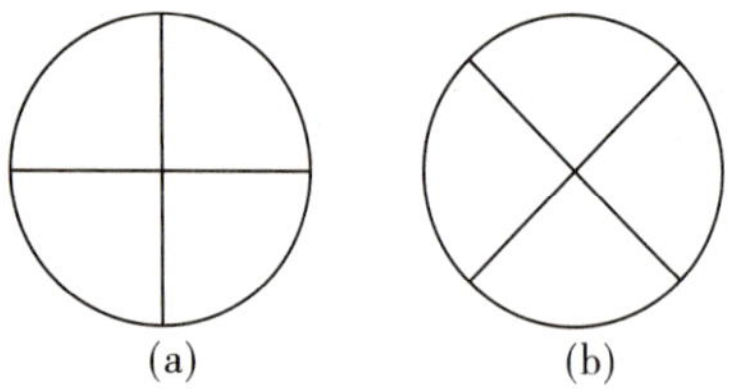


**图 2-26　利用旋转命令绘制电灯符号**

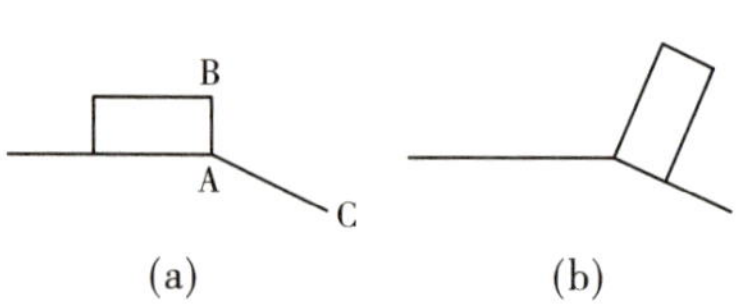


**图 2-27　参照旋转**

**（三）删除**

一般可通过以下方式从图形中删除所选对象：

• 单击按钮法：（删除——在“修改”工具栏中）；
• 下拉菜单法：修改→删除；
• 键盘输入法：Erase（或 Delete 键）↓。

## 四、修改对象形状和大小的方法

图形绘制后，有时需要对已有图形进行调整形状和大小的操作。AutoCAD 提供了修剪、打断、延伸、拉伸、倒角和缩放图形的功能，可以很方便地修改对象。

### （一）修剪与打断

1. 修剪命令

修剪命令可以指定一个或多个对象作为边界，精确地修剪与之相交对象的某一部分。

可通过以下方式调用修剪命令：

- 单击按钮法：（修剪——在“修改”工具栏中）；
- 下拉菜单法：修改→修剪；
- 键盘输入法：Trim（简捷命令为 Tr）↓。

执行修剪命令后，命令行提示如下：

命令：Trim↓ //输入 Trim 命令并回车；

当前设置：投影 = UCS，边 = 无

选择剪切边...

选择对象或 <全部选择>： //选择一个或多个边界；

选择对象：↓ //回车，结束选择剪切边；

选择要修剪的对象，或按住 Shift 键选择要延伸的对象，或[栏选（F）/窗交（C）/投影（P）/边（E）/删除（R）/放弃（U）]： //选择一个或多个要修剪的对象；

选择要修剪的对象，或按住 Shift 键选择要延伸的对象，或[栏选（F）/窗交（C）/投影（P）/边（E）/删除（R）/放弃（U）]：↓ //回车结束命令。

说明：

（1）“先选边界，再选修剪对象”是本命令执行的关键之一；

（2）对象可同时作为修剪边界和被修剪对象；

（3）若不选择剪切边，直接回车，则系统默认选择所有对象作为剪切边。

**【例 2-5】** 将图 2-28（a）修剪成图 2-28（d），修剪过程如图 2-28（b）、（c）所示。

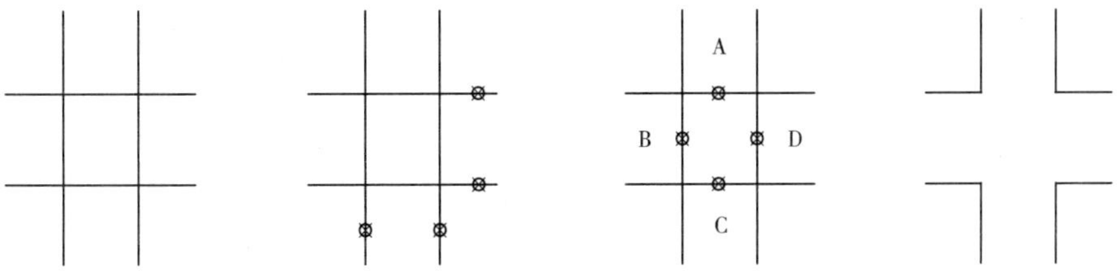


(a)原图　(b)选择修剪边界　(c)选择被修剪对象　(d)修剪结果

**图 2-28　修剪命令应用**

具体命令行操作过程如下：

命令：Trim↓ //输入 Trim 命令并回车；

当前设置：投影 = UCS，边 = 无

选择剪切边...
选择对象或 <全部选择>:　　　　　　　　　　//选择四条边作为修剪边界;
选择对象:↓　　　　　　　　　　　　　　　　//回车,结束选择剪切边;

选择要修剪的对象,或按住 Shift 键选择要延伸的对象,或[栏选(F)/窗交(C)/投影(P)/边(E)/删除(R)/放弃(U)]:　　　　//鼠标左键点击点 A;

选择要修剪的对象,或按住 Shift 键选择要延伸的对象,或[栏选(F)/窗交(C)/投影(P)/边(E)/删除(R)/放弃(U)]:　　　　//鼠标左键点击点 B;

选择要修剪的对象,或按住 Shift 键选择要延伸的对象,或[栏选(F)/窗交(C)/投影(P)/边(E)/删除(R)/放弃(U)]:　　　　//鼠标左键点击点 C;

选择要修剪的对象,或按住 Shift 键选择要延伸的对象,或[栏选(F)/窗交(C)/投影(P)/边(E)/删除(R)/放弃(U)]:　　　　//鼠标左键点击点 D;

选择要修剪的对象,或按住 Shift 键选择要延伸的对象,或[栏选(F)/窗交(C)/投影(P)/边(E)/删除(R)/放弃(U)]:↓　　　　//回车结束命令。

2. 打断命令

打断命令可以将一个对象打断为两个对象,对象之间可以有间隙,也可以没有间隙。根据打断点数量的不同,打断命令有“打断”和“打断于点”两种方式。

可通过以下方式调用打断命令:

- 单击按钮法:(打断——在“修改”工具栏中);
- 下拉菜单法:修改→打断;
- 键盘输入法:Break(简捷命令为 Br)↓。

利用打断命令完成图 2-29(b)、(d)所示的图形绘制,其命令行操作过程如下:

命令:_Break↓　　　　　　　　　　　　//输入 Break 命令并回车;
选择对象:　　　　　　　　　　　　　　//单选图 2-29(a)、(c)中的圆;
指定第二个打断点 或 [第一点(F)]:f↓　　//使用指定第一个打断点的选项;
指定第一个打断点:　　　　　　　　　　//选择第一个打断点 1;
指定第二个打断点:　　　　//选择第二个打断点 2,结果如图 2-29(b)、(d)所示。

注意:程序将按逆时针方向删除圆上第一个打断点到第二个打断点之间的部分。

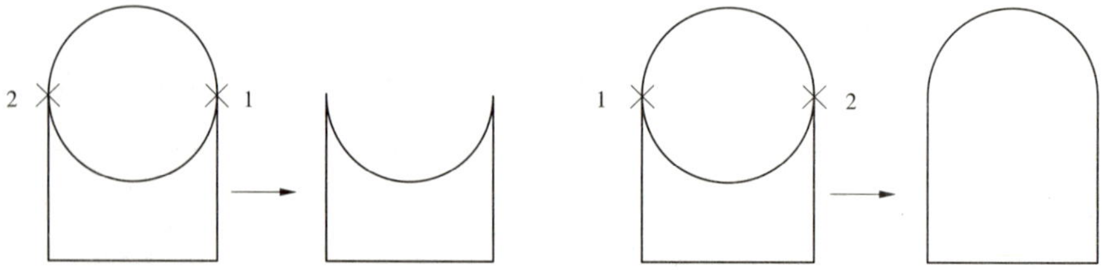


(a)原图(1)　(b)原图(1)打断后　(c)原图(2)　(d)原图(2)打断后

**图 2-29　打断命令应用**

### （二）延伸与拉伸

1. 延伸命令

延伸命令用于将对象的一个端点或两个端点延伸到被称为边界的另一个对象上或另一个对象的延伸线上，与修剪命令正好相反。

可通过以下方式调用延伸命令：

- 单击按钮法：--/（延伸——在“修改”工具栏中）；
- 下拉菜单法：修改→延伸；
- 键盘输入法：Extend（简捷命令为 Ex）↓。

延伸命令各选项的意义及操作与修剪命令的选项类似，不再重述。

说明：

（1）选取延伸对象时，一般采用单选或栏选方式，延伸靠近边界的一端。

（2）对象可同时作为边界和延伸对象。

（3）没有选择边界时，则按默认值选择所有对象作为延伸边界。

对图 2-30 所示图形执行延伸命令，具体命令行操作过程如下：

命令：_Extend　　　　　　　　　　//输入 Extend 命令并回车；

当前设置：投影 = UCS，边 = 无

选择边界的边...

选择对象或 <全部选择>：　找到 1 个↓

　　　　　　　　　　　　　　　　//选择图 2-30（a）中直线为延伸的边界；

选择对象：↓　　　　　　　　　　//选择完后回车；

选择要延伸的对象，或按住 Shift 键选择要修剪的对象，或［栏选（F）/窗交（C）/投影（P）/边（E）/放弃（U）］：

　　　　　　　　　　　　　　　　//选择图 2-30（a）中的 1 点；

选择要延伸的对象，或按住 Shift 键选择要修剪的对象，或［栏选（F）/窗交（C）/投影（P）/边（E）/放弃（U）］：

　　　　　　　　　　　　　　　　//选择图 2-30（a）中的 2 点；

选择要延伸的对象，或按住 Shift 键选择要修剪的对象，或［栏选（F）/窗交（C）/投影（P）/边（E）/放弃（U）］：

　　　　　　　　　　　　　　　　//确认结束命令，结果如图 2-30（b）所示；

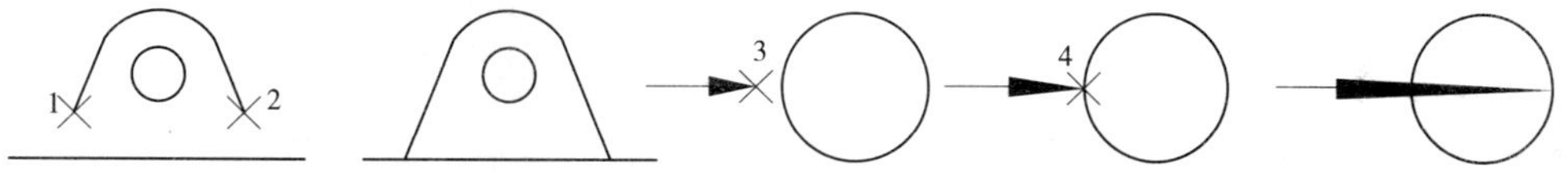


(a)原图(1)　(b)原图(1)延伸后　(c)原图　(d)第一次延伸后　(e)第二次延伸后

**图 2-30　延伸命令应用**

命令：_Extend　　　　　　　　　　//输入 Extend 命令并回车；

当前设置：投影 = UCS，边 = 无

选择边界的边...

选择对象或 <全部选择>： 找到 1 个↓ //选择图 2-30(c)中圆为延伸的边界；
选择对象：↓ //选择完后回车；
选择要延伸的对象，或按住 Shift 键选择要修剪的对象，或[栏选(F)/窗交(C)/投影(P)/边(E)/放弃(U)]：
//选择图 2-30(c)中的 3 点，结果如图 2-30(d)所示；
选择要延伸的对象，或按住 Shift 键选择要修剪的对象，或[栏选(F)/窗交(C)/投影(P)/边(E)/放弃(U)]：
//选择图 2-30(d)中的 4 点；
选择要延伸的对象，或按住 Shift 键选择要修剪的对象，或[栏选(F)/窗交(C)/投影(P)/边(E)/放弃(U)]：
//确认结束命令，结果如图 2-30(e)所示。

2. 拉伸命令

拉伸命令可以用来调整对象大小、改变对象形状或改变对象所在位置。执行该命令时，可以使用“交叉窗口”方式或者“交叉多边形”方式选择对象，然后依次指定位移基点和位移矢量，将会移动全部位于选择窗口之内的对象，而拉伸（或压缩）与选择窗口边界相交的对象。

可通过以下方式调用拉伸命令：

- 单击按钮法：（拉伸——在“修改”工具栏中）；
- 下拉菜单法：修改→拉伸；
- 键盘输入法：Stretch（简捷命令为 S）↓。

执行拉伸命令后，命令行提示如下：

以交叉窗口或交叉多边形选择要拉伸的对象...
选择对象： //选择需要拉伸的图形对象；
指定基点或[位移(D)] <位移>： //指定基点或输入位移坐标；
指定第二个点或 <使用第一个点作为位移>：
//指定第二点，或按 Enter 键使用以前的坐标作为位移。

利用拉伸命令拉伸如图 2-31 所示水闸底板长度的步骤如下：

(1)调用拉伸命令。

(2)如图 2-31(a)所示以交叉窗口方式选择部分闸底板为拉伸对象。

(3)在“指定基点或[位移(D)] <位移>”的命令行提示下捕捉水闸的右下角点 A。

(4)在“指定第二个点或 <使用第一个点作为位移>：”的命令行提示下输入：@2000,0，得到如图 2-31(b)所示拉伸后的底板。

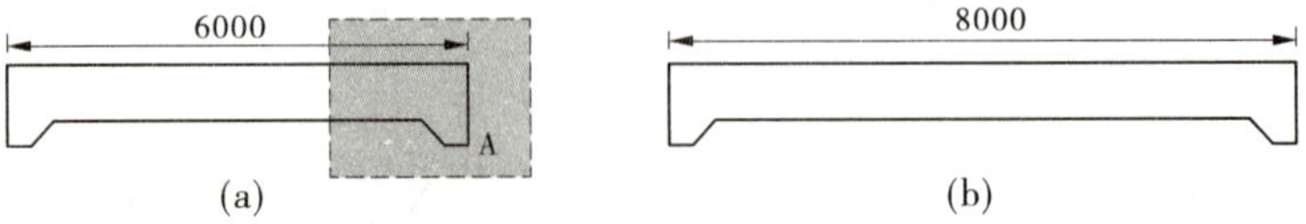


图 2-31 拉伸水闸底板

(三)倒角(包括倒圆角)

1. 倒角命令

倒角是在两条非平行直线之间或多段线之间通过直线连接成角的命令。可通过以下方式调用倒角命令:

- 单击按钮法:(倒角——在“修改”工具栏中);
- 下拉菜单法:修改→倒角;
- 键盘输入法:Chamfer(简捷命令为 Cha)↓。

执行倒角命令后,命令行提示如下:

(“修剪”模式)当前倒角距离 1 = 0.0000,距离 2 = 0.0000

选择第一条直线或[放弃(U)/多段线(P)/距离(D)/角度(A)/修剪(T)/方式(E)/多个(M)]:

选择第二条直线,或按住 Shift 键选择要应用角点的直线。

该命令主要选项的功能如下:

(1)多段线(P):对整个二维多段线倒角,AutoCAD 将对多段线每个顶点处的相交直线段倒角,在整个多段线均需要倒角时使用非常方便。

(2)距离(D):采用分别指定第一个倒角距离和第二个倒角距离的方式设置倒角,如图 2-32 所示。

(3)角度(A):采用指定第一条直线的倒角长度和倒角角度的方式设置倒角。

(4)修剪(T):控制是否将选定边修剪到倒角线的端点,如图 2-32(a)、(b)所示。

(5)方式(E):该选项用于选择使用两个距离还是一个距离、一个角度来创建倒角,即是使用“距离(D)”选项还是使用“角度(A)”选项。

(6)多个(M):该选项可以为多个对象添加倒角,而不必重新启动命令,命令行将重复显示主提示和“选择第二个对象”提示,直到用户按 Enter 键结束命令,如图 2-32(c)所示。

(7)按住 Shift 键选择要应用角点的直线:选择对象时,如果按住 Shift 键,即设定当前倒角距离为 0 进行操作。

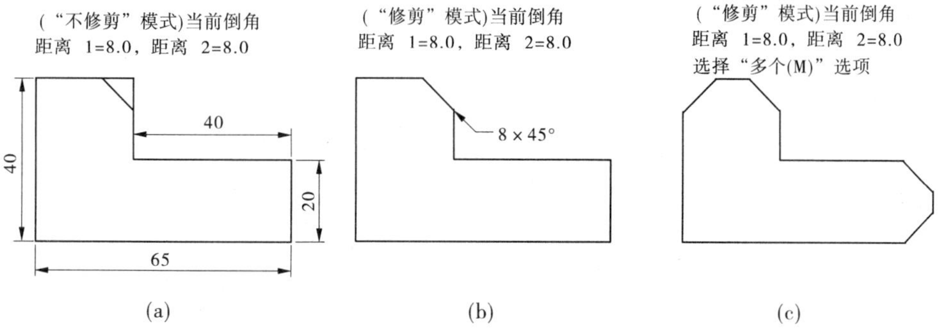


图 2-32 倒角命令中主要选项的效果

如果同时设定两倒角距离为 0 和修剪模式,还可以方便地利用倒角命令修齐两条直线,不论这两条不平行直线是相交还是需要延伸才能相交,如图 2-33 和图 2-34 所示。

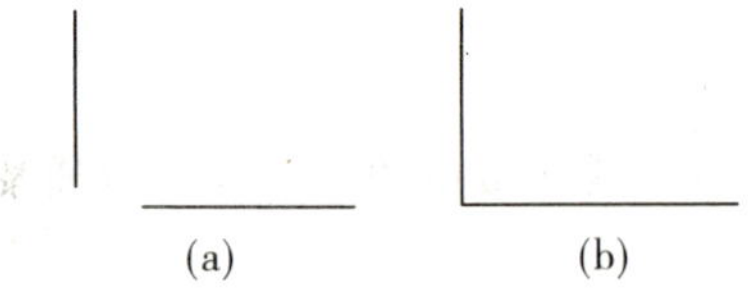

图 2-33　利用倒角命令延伸图形

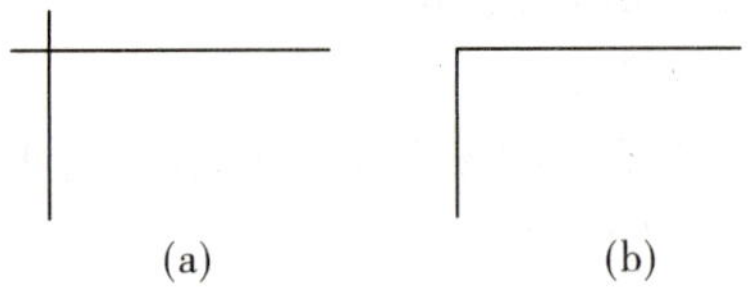

图 2-34　利用倒角命令修剪图形

2. 倒圆角命令

倒圆角命令与倒角命令类似，是在两条平行或非平行直线间绘制出圆弧连接的方法。

可通过以下方式调用倒圆角命令：

- 单击按钮法：(倒圆角——在“修改”工具栏中)；
- 下拉菜单法：修改→倒圆角；
- 键盘输入法：Fillet（简捷命令为 F）↓。

执行倒圆角命令时，需要先设定圆角半径。例如，完成如图 2-35 所示图形绘制，具体命令行操作过程如下：

命令：_Fillet　　//输入 Fillet 命令并回车；

当前设置：模式 = 修剪，半径 = 0.0000

选择第一个对象或 [放弃(U)/多段线(P)/半径(R)/修剪(T)/多个(M)]：r

//选择要输入圆角半径的命令；

指定圆角半径 <0.0000>：5　　//输入圆角半径为 5；

选择第一个对象或 [放弃(U)/多段线(P)/半径(R)/修剪(T)/多个(M)]：p

//矩形为一个多段线，所以选择 P 可以将四个圆角一次成形；

选择二维多段线：　//单击矩形，效果如图 2-35(b)所示，4 条直线已被圆角。

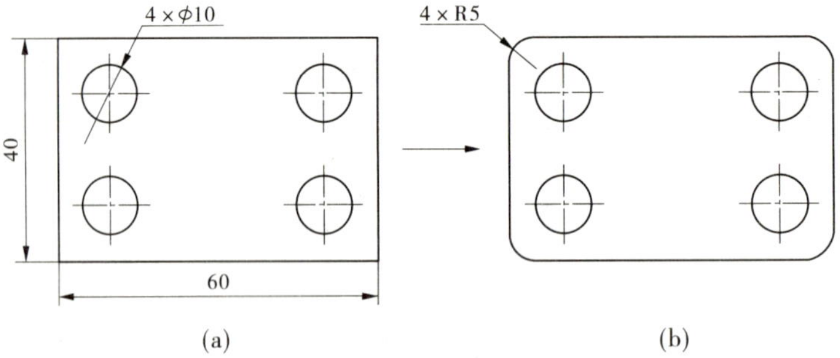


图 2-35　利用倒圆角命令绘制图形

在进行倒圆角操作时，若将倒圆角半径 R 设置为 0，则可以实现两不相交直线的自动延伸相交，如图 2-36(a)所示。对两个平行直线倒圆角时，不需要设置圆角半径，系统自动设置为两条平行直线间距的一半，如图 2-36(b)所示。

**(四)缩放图形**

缩放命令用于改变选定对象的大小。对象在放大或缩小时，其 X、Y、Z 三个方向保持相同的放大或缩小倍数。

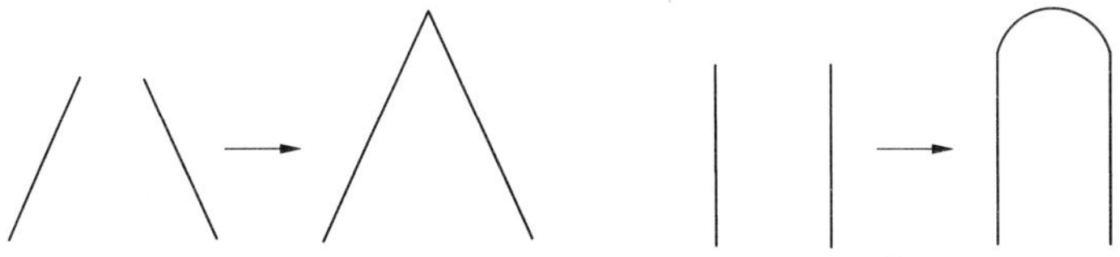


**图 2-36　R =0 时倒圆角和平行直线倒圆角的效果图形**

可通过以下方式调用缩放命令：

- 单击按钮法：(缩放——在“修改”工具栏中)；
- 下拉菜单法：修改→缩放；
- 键盘输入法：Scale(简捷命令为 Sc)↓。

执行缩放命令后，命令行提示如下：

命令：Scale↓　　　　//输入 Scale 命令并回车；
选择对象：　　　　//选择要缩放的对象；
选择对象：↓　　　　//回车，结束选择对象；
指定基点：　　　　//指定缩放时的基点；
指定比例因子或[复制(C)/参照(R)] <1.0000 >：
//输入放大或缩小的倍数，比例因子大于 1 时，图形放大；比例因子小于 1 时，图形缩小。

其中，“参照(R)”选项含义为：首先以当前大小或通过指定一条直线的两个端点确定一个参照长度，然后再指定所需的新长度，系统自动计算比例缩放的倍数。

**【例 2-6】**　缩放命令的实际应用。

(1)将图形放大 2 倍，结果如图 2-37(a)所示，绘制过程略。其中点 A 为缩放时的基点。

(2)将直线 AB 相对于左端点 A 进行缩放，缩放后长度等于直线 CD，见图 2-37(b)、(c)。

执行缩放命令，命令行提示如下：

命令：Scale↓　　　　//输入 Scale 命令并回车；
选择对象：　　　　//选择直线 AB；
选择对象：↓　　　　//回车，结束选择对象；
指定基点：　　　　//选择点 A 作为缩放时的基点；
指定比例因子或[复制(C)/参照(R)] <0.5000 >：R　　　　//选择参照(R)选项；
指定参照长度 <136.8526 >：　　　　//选择点 A；
指定第二点：　　　　//选择点 B；
指定新的长度或[点(P)] <68.4263 >：P　　　　//通过取点方式在屏幕上指定新的长度；
指定第一点：　　　　//选择点 C；
指定第二点：　　　　//选择点 D。

绘制结束，结果如图 2-37(c)所示。

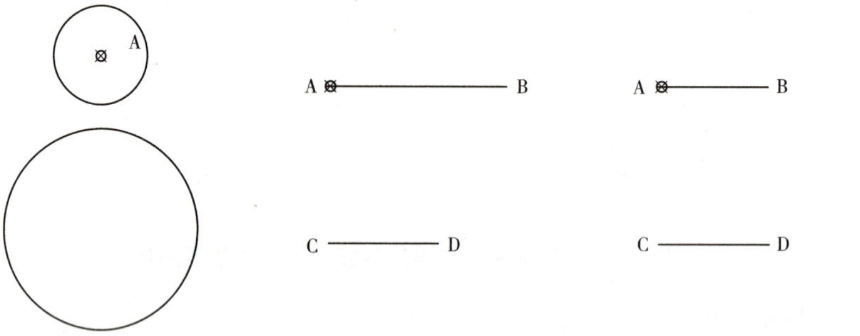


(a)图形放大2倍　　(b)已知两直线　　(c)缩放至两直线等长

**图 2-37　缩放命令应用**

## 五、等分对象的方法

等分对象是利用 AutoCAD 提供的点绘制功能进行线段等分操作，等分后所产生的节点通常可作为后续图形绘制过程中对象捕捉的参考点。设置点样式的步骤如图 2-38 所示，可以通过如下操作得到：点击菜单“常用”→“实用工具”→“点样式”。系统缺省的点的样式是一个圆点“.”。等分线段的时候用这个缺省的点样式看不出等分点在哪里，所以在使用等分线段命令前要先修改点的样式。

在 AutoCAD 系统中，等分对象的方法包括定数等分和定距等分两种编辑方法。这两种方法都是沿对象的长度或者周长方向，以等间距创建点或者块(用户定义的一组对象，详见本节“图形对象的组合与分解”部分内容)，如图 2-39 所示。

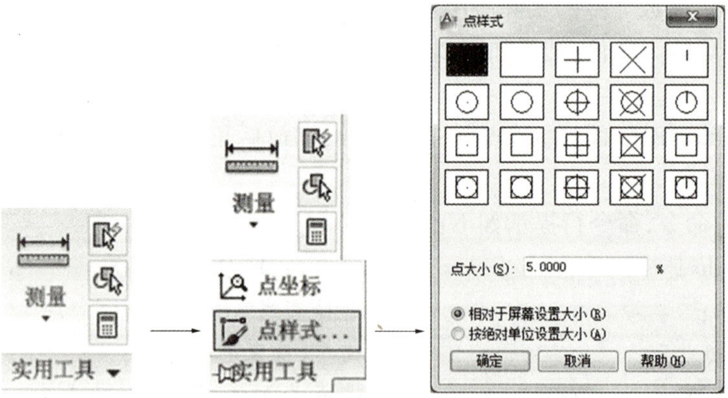


**图 2-38　设置点样式的步骤**

**【例 2-7】**　利用定数等分命令绘制如图 2-39 所示图形。

执行定数等分命令，命令行提示如下：

命令：_Circle 指定圆的圆心或［三点(3P)/两点(2P)/切点、切点、半径(T)］：
　　　　　　　　　　　　　　　　//输入 Circle 命令在屏幕上指定圆心；
指定圆的半径或［直径(D)］：35　//输入圆半径 35 并回车；
命令：_Line 指定第一点：A　　　//输入 Line 命令并在 A 点处单击；

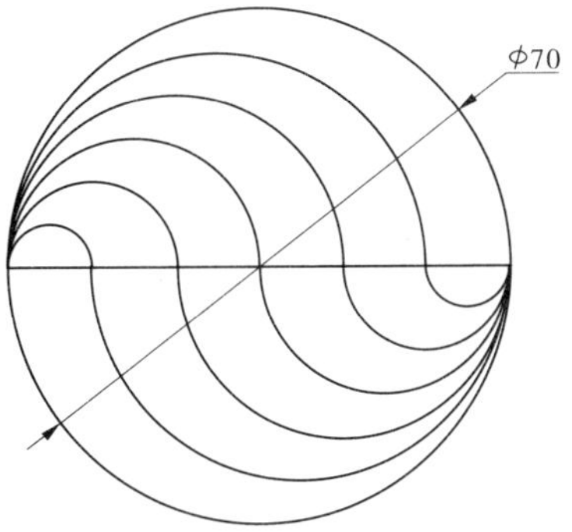


图 2-39　定数等分的应用

指定下一点或［放弃(U)］: B　　　//在 B 点处单击；

指定下一点或［放弃(U)］: ↓　　　//结束直线命令；

命令: _Divide　　　//激活 Divide 命令,如图 2-40(a)所示；

选择要定数等分的对象:　　　//选择圆的直径 AB 为等分对象；

输入线段数目或［块(B)］: 6　　　//输入定数等分数目 6 并回车,如图 2-40(b)所示；

命令: _Circle 指定圆的圆心或［三点(3P)/两点(2P)/切点、切点、半径(T)］: _2p 指定圆直径的第一个端点:　　　//激活两点画圆的命令并捕捉 A 点为第一个端点；

指定圆直径的第二个端点:　　　//捕捉等分节点为第二个端点绘制小圆，如图 2-40(c)所示；

命令: _Trim　　　//激活 Trim 命令；

当前设置:投影 = UCS,边 = 无

选择剪切边...

选择对象或 <全部选择>:  找到 1 个　　　//选择 AB 线段为剪切边界；

选择要修剪的对象,或按住 Shift 键选择要延伸的对象,或

［栏选(F)/窗交(C)/投影(P)/边(E)/删除(R)/放弃(U)］:  指定对角点:

//利用窗交选择,将 AB 线段下半部分圆剪掉,如图 2-40(d)所示；

命令: _Rotate　　　//激活 Rotate 命令；

UCS 当前的正角方向:  ANGDIR = 逆时针　ANGBASE = 0

选择对象: 指定对角点: 找到 5 个//利用窗交选择圆弧线；

指定基点:　　　//选择中间节点 C 点作为旋转中心,如图 2-40(e)所示；

指定旋转角度,或［复制(C)/参照(R)］ <0>:C

//选择“复制”选项,旋转一组选定对象；

指定旋转角度,或［复制(C)/参照(R)］ <0>:180

//输入旋转角度为 180,如图 2-40(f)所示。

## 六、使用夹点编辑图形

夹点是一些小方框,使用光标选定对象时,对象关键点上将出现小方框状的控制点,称为夹点。常见对象的夹点位置如图 2-41 所示。可以拖动夹点直接而快速地进行拉伸、

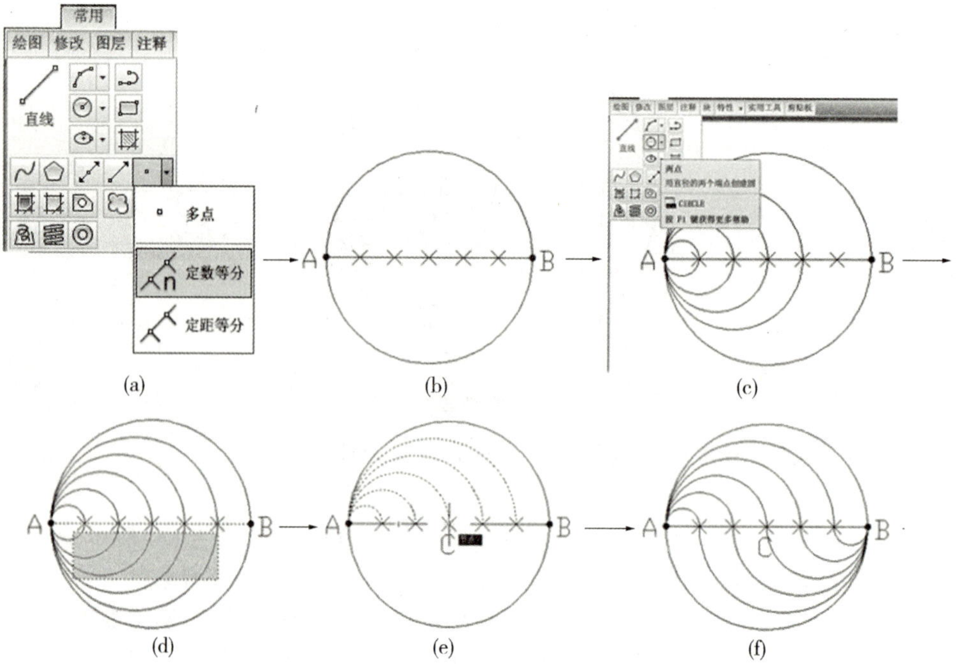


**图 2-40　图形绘制过程分解图**

移动、旋转、缩放和镜像等编辑操作。

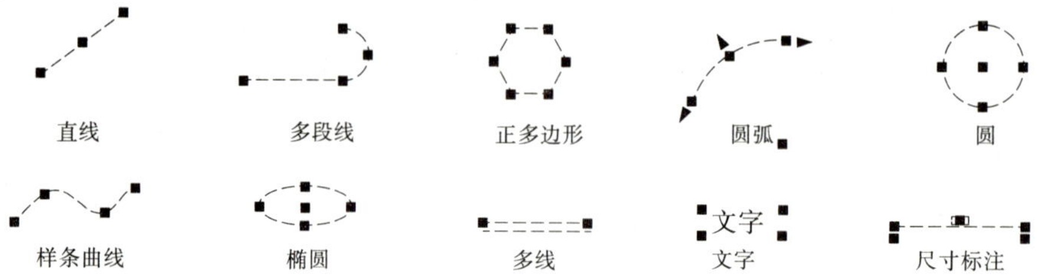


**图 2-41　常见对象的夹点位置**

选择要编辑的对象，在对象中单击其中一个夹点作为编辑的基点，在命令行提示下按空格键或 Enter 键就依次出现如下信息提示：

命令：

* * 拉伸 * *

指定拉伸点或［基点(B)/复制(C)/放弃(U)/退出(X)］：

* * 移动 * *

指定移动点或［基点(B)/复制(C)/放弃(U)/退出(X)］：

* * 旋转 * *

指定旋转角度或［基点(B)/复制(C)/放弃(U)/参照(R)/退出(X)］：

* * 比例缩放 * *

指定比例因子或［基点(B)/复制(C)/放弃(U)/参照(R)/退出(X)］：

* * 镜像 * *

指定第二点或［基点(B)/复制(C)/放弃(U)/退出(X)］：

该命令主要选项的功能如下：

(1)［指定拉伸/移动/旋转/比例缩放/镜像/点］：该选项用于指定要编辑的目标点；

(2)［基点(B)］：该选项用于指定编辑对象的基点；

(3)［复制(C)］：该选项可以在进行编辑对象的同时保留原图形对象。

(4)［参照(R)］：该选项可以以参照方式旋转或缩放对象，具体操作可参考旋转命令和缩放命令中的使用。

## 七、图形对象特性的设置与修改

在 AutoCAD 中，所绘制的每个图形对象都有自己的属性，这些属性中有些是常规属性，为大多数图形对象所共有，如图层、颜色、线型、线型比例和打印样式等。有些属性为某一图形对象的专有属性，如线段长度和角度、圆半径和周长等。有些属性可以修改，而有些属性则不能修改。对图形对象的属性值进行设置和修改，也就改变了相应图形对象的特性或大小。

### (一)“特性”选项板

在 AutoCAD 中，可以利用“特性”选项板查询和修改选择对象的属性值。打开“特性”选项板的方法为：

- 键盘输入法：Properties ↓ 。
- 单击按钮法：（特性图标——在 AutoCAD 经典工作空间的“标准”工具栏中）；
- 下拉菜单法：工具→选项板→特性。

“特性”选项板如图 2-42 所示。当选择某一图形对象，“特性”选项板中就会显示该对象的名称和相应的属性。如果同时选中多个图形对象，“特性”选项板中会显示选择对象的数量和公共属性。

利用“特性”选项板可以方便地修改图形对象的属性。当选中单个对象或多个对象集时，“特性”选项板中将会列出其相应的属性内容，用户可以根据要求修改对象的属性值。

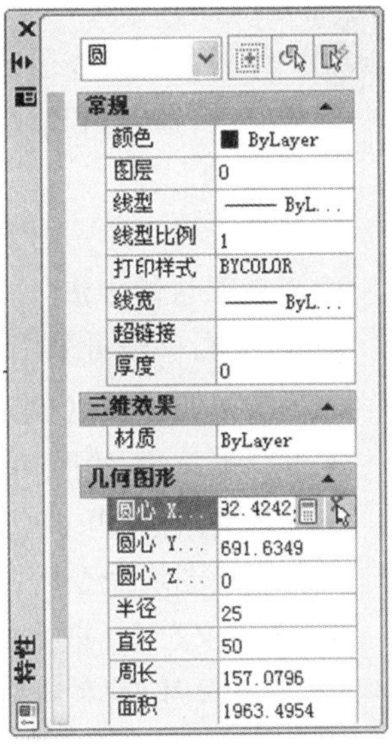


图 2-42 “特性”选项板

### (二)快捷特性

快捷特性是“特性”选项板的简化形式，位于 AutoCAD 用户界面下部的状态栏上的“快捷特性”开关按钮，用于控制快捷特性面板的开启状态。当该按钮处于按下状态时，则启用快捷特性面板。即当用户选择对象时，可以显示快捷特性面板，如图 2-43 所示。

另外，在“草图设置”对话框中的“快捷特性”选项卡中，选中“启用快捷特性选项板”复选框，也可以启用快捷特性功能，并可以对快捷特性的相关显示特性进行设置。

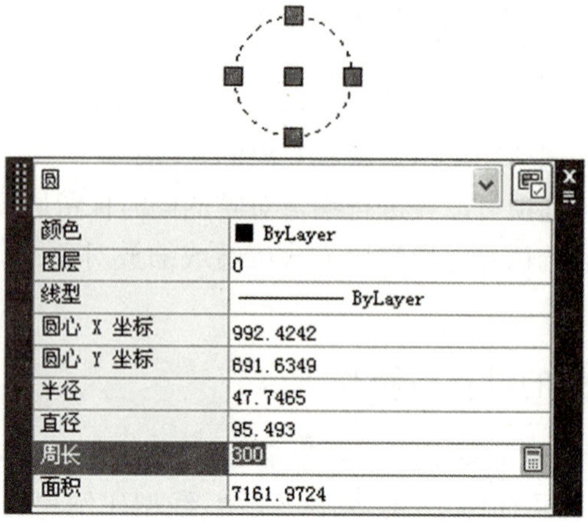


**图 2-43　启用快捷特性**

## 八、图形对象的组合与分解

工程图样中经常遇到反复使用的图形及符号，如卫生器具、指北针、标高符号、表面粗糙度符号、标题栏等。为了避免重复性工作，在 AutoCAD 中一般将这些图形及符号创建为图块，也就是将一个或几个对象创建为一个整体，需要时可将图块以任意比例、任意旋转角度插入到图形的任意位置。

另外，在标高符号、轴线符号等工程符号中，除基本图形外，还包括标高数值、轴线编号、标题栏等中的文字、数字和字母，AutoCAD 将这些附属给图形对象的文本信息称为属性。

用户如果需要修改组成图块的某个图形对象，还可以利用分解命令将图块分解成单个图形对象进行编辑和修改。

### （一）图块

#### 1. 创建图块

1）创建图块的方法

创建图块，一般可采用以下几种方法：

- 单击按钮法：（创建块——在“绘图”工具栏中）；
- 下拉菜单法：绘图→块→创建；
- 键盘输入法：Block（简捷命令为 B）↓。

执行创建图块命令后，弹出“块定义”对话框，如图 2-44 所示。

在“块定义”对话框中的“基点”，是指块的插入点，一般选择方便图形定位的点作为基点；若不选择基点，系统默认坐标原点为块的插入点。

在“块定义”对话框的“对象”选项组中，各选项的功能如下：

（1）保留：表示创建好图块后，原图形不转换为块，仍保留原有状态，这样可以利用图形继续做其他设置；

（2）转换为块：表示创建好图块后，原图形转换为块，不能继续被用作其他设置，只能作为图块使用，除非采用分解命令将其分解；

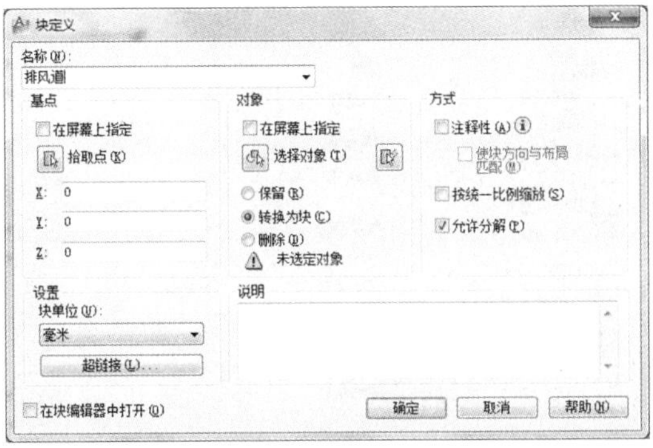


图 2-44 “块定义”对话框

(3)删除:表示创建好图块后,将原图形删除,但创建的图块可以被使用。

2)创建不带属性的图块

创建不带属性的图块,可通过绘制图形和创建图块两步实现,如图 2-45 所示。

步骤 1:由于排风道图形已经绘制完成,直接使用就可以了,但由于前面我们还没有学习“层”的概念,该图形绘制在默认的 0 层上,在这里只需将图形转换到细实线层上。

步骤 2:调用创建图块命令,在弹出的如图 2-45(b)所示的“块定义”对话框中做如下设置:在名称列表中输入“排风道”; 单击“拾取点”左边的按钮,拾取排风道图形的右上角点,重新回到“块定义”对话框;单击“选择对象”左边的按钮,对话框消失,返回绘图区,选择排风道图形,按回车键回到“块定义”对话框,单击“确定”按钮即可。

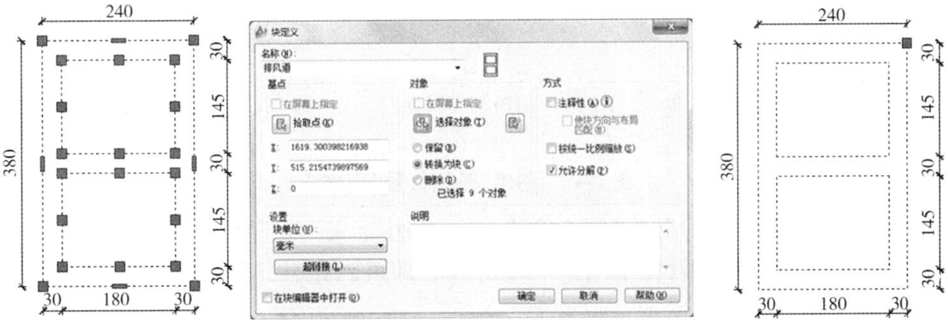


(a) (b) (c)

图 2-45 创建不带属性的图块

3)创建带属性的图块

定义图块的属性,一般可采用以下几种方法:

- 下拉菜单法:绘图→块→定义属性;
- 键盘输入法:Attdef(简捷命令为 Att)↓。

执行定义属性命令后,弹出“属性定义”对话框,如图 2-46 所示。

在“属性定义”对话框的“属性”选项组中,各文本框功能如下:

(1)“标记”文本框:输入属性的标记;

(2)“提示”文本框:输入插入块时系统显示的提示信息;

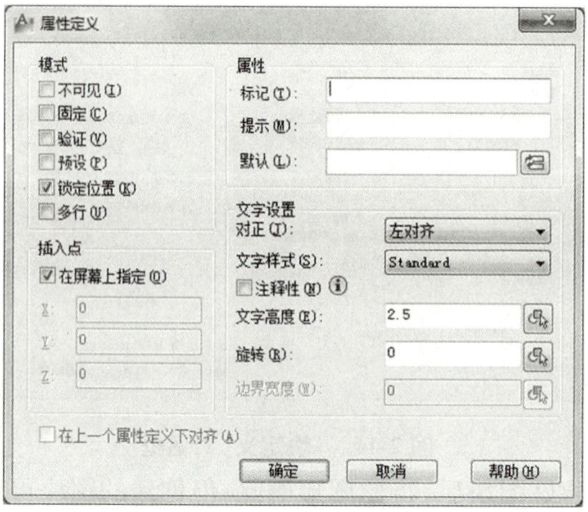


图 2-46 “属性定义”对话框

(3)“默认”文本框:输入属性的默认值(一般输入使用频率最大的值)。

“属性定义”对话框的“文字设置”选项组中有关内容,将在本书第三章中做详细介绍,此处仅结合具体实例做设置。

创建带属性的图块,一般可通过绘制图形、定义属性和创建图块三步实现。

**【例 2-8】** 以创建“轴线符号”图块为例说明创建带属性的图块(符号形状及尺寸均应符合制图标准)。

步骤 1:绘制图形。在细实线层上,绘制直径为 8 的圆,如图 2-47(a)所示。

(a)绘制基本符号　(b)定义属性　(c)创建图块

图 2-47 创建“轴线符号”图块

步骤 2:定义属性。调用定义属性命令,在“属性定义”对话框中进行如图 2-48 所示的设置;单击“确定”按钮后,在绘图区中单击圆心即可。此时,属性定义以标记的形式显示在图块中,如图 2-47(b)所示。

步骤 3:创建图块。调用创建图块命令,将拾取点选择在圆的上象限点;选择对象时将图形(此时为圆)和属性一起选中,若在对象选项组中选择了“转换为块”,则可创建如图 4-47(c)所示的图块(属性值是可以变化的,在插入图块时,可按要求输入)。

有时一个图块中会附着多处文字信息,也就是多个属性。通过多次为同一图形定义属性,然后将图形和这些属性一起定义为图块,可创建出带有多个属性的图块,具体创建方法请参阅 AutoCAD 帮助或有关书籍。

2. 插入图块

创建图块后,可根据需要向图形中插入图块。

向图形中插入图块,一般可采用以下几种方法:

- 单击按钮法:(插入块——在“绘图”工具栏中);
- 下拉菜单法:插入→块…;

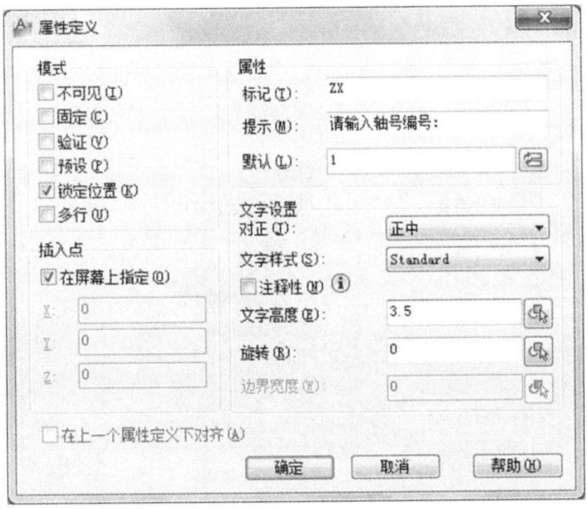


图 2-48　轴线符号中的属性设置参数

• 键盘输入法:Insert(简捷命令为 I)↓。

执行插入图块命令后,弹出“插入”对话框,如图 2-49 所示。

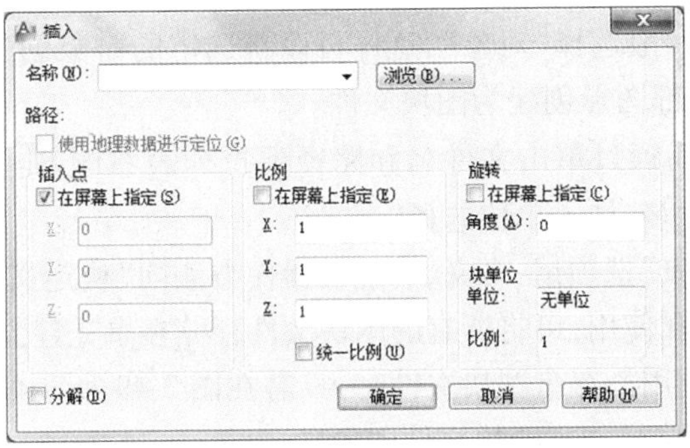


图 2-49　“插入”对话框

如果图形中已定义了图块,打开“插入”对话框的“名称”下拉列表后,就可找到该图块名称。“插入点”一般选择“在屏幕上指定”;“比例”中,可在 X、Y、Z 文本框中输入三个方向的插入比例,若三个方向的插入比例相同,也可选择“统一比例”复选框;“旋转”中可根据图形的需要在“角度”文本框中输入数值;设置完成后,单击“确定”按钮即可完成图块的插入。图块的插入可参看后续章节。

3. 创建图块文件

用创建块命令创建的图块,一般仅能在当前文件中使用;如果希望这些图块也能被其他文件应用,可以通过创建图块文件的方式将这些图块写入磁盘。这样就从某种意义上实现了资源共享,在 AutoCAD 中还可以通过设计中心、工具选项板等方式实现资源共享,具体做法请参阅 AutoCAD 帮助或有关书籍。

创建图块文件的方法为:

• 键盘输入法:WBlock(简捷命令为 W)↓。

执行创建图块文件命令后,弹出“写块”对话框,如图 2-50 所示。

在“写块”对话框中,各选项组的功能如下:

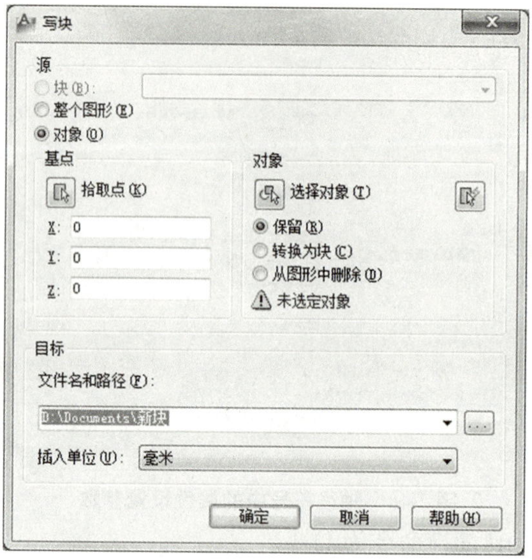


图 2-50 “写块”对话框

(1)“源”选项组:一般选择“对象”,这样可以将选定的对象创建为图块文件;如果选择“整个图形”,则将全部图形创建为图块文件。

(2)“目标”选项组:通过单击文件名和路径下拉列表右侧的按钮,可以为图块文件指定存储路径和文件名;插入单位选择“毫米”。

(3)“基点”和“对象”选项组:含义、功能及操作方法同“块定义”对话框中。

建议:为方便管理和使用,可将所有的图块文件存储在事先建立好的文件夹中。

当在其他文件中调用已存盘图块文件时,只需在图 2-49 所示的“插入”对话框中,单击“浏览”按钮,按存储路径找到图块文件即可。

4. 编辑图块及属性

1)编辑图块

插入图块后,如果发现诸如比例因子、旋转角度等参数不符合要求,在不重新插入图块的情况下,可通过“特性”选项板,进行参数修改。

2)编辑图块属性

在不重新插入图块的情况下,可双击属性值(原图中为 ±0.000),弹出“增强属性编辑器”对话框,如图 2-51 所示,在对话框的“属性”标签的“值”文本框中输入 ±2.800,单击“确定”按钮即可。

**(二)分解**

分解命令可以将多段线、图块、图案填充、各类型尺寸标注等由多个对象组成的图形单元或集合分解为单一实体,命令执行后屏幕上图形看上去并没有发生变化,但其构成实体已经被分解为独立对象。

可通过以下方法调用分解命令:

- 单击按钮法:(分解——在“修改”工具栏中);
- 下拉菜单法:修改→分解;

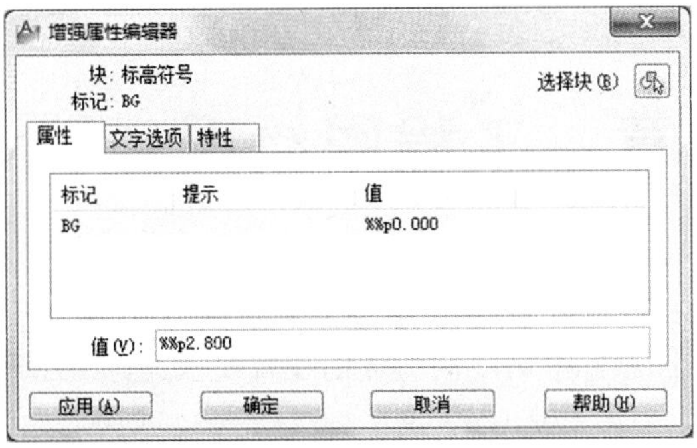


图 2-51 “增强属性编辑器”对话框

• 键盘输入法：Explode(简捷命令为 X)↓。

执行分解命令后，命令行提示如下：

命令：Explode↓ //输入 Explode 命令并回车；

选择对象： //选择要分解的对象；

选择对象：↓ //回车结束命令。

# 第三章　工程图绘图环境设置

AutoCAD 绘图环境的设置是方便绘图、提高绘图效率的重要技巧。本章介绍绘图所需要的通用设置和依据国家标准对不同专业的设置要求进行绘图环境的设置。

## 第一节　图幅及单位设置

### 一、设置绘图单位

AutoCAD 提供了适合建筑、机械等行业专业绘图的各种绘图单位，如英寸、英尺、毫米等，并提供了多种精度范围。因此，在绘图前，用户可以根据使用的度量单位及其精度要求设置绘图单位。一般绘图单位设为毫米。

**（一）操作方法**

设置图形单位和精确度可通过“图形单位”对话框来实现，可通过下述几种方法调出“图形单位”对话框：

- 下拉菜单法：格式→单位…；
- 键盘输入法：Units（简捷命令为 Un）↓。

**（二）操作步骤**

在如图 3-1 所示的对话框中，“长度”选项组的“类型”下拉列表框中选择“小数”选项，设置“精度”为 0；在“角度”选项组的“类型”下拉列表框中选择“十进制度数”选项，设置“精度”为 0；系统默认逆时针方向为正，基准角度采用默认设置，设置完毕后单击“确定”按钮，如图 3-1 所示。

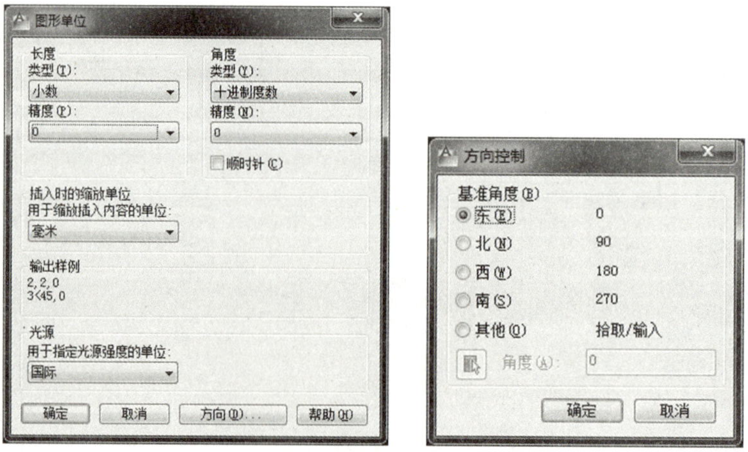


图 3-1　设置“图形单位”对话框

二、设置绘图界限

在 AutoCAD 中，无论采用实际尺寸绘图，还是采用某种比例绘图，为了使绘图规范及便于检查，设置绘图的工作区域都是必要的。绘图界限是绘图的有效区域，可理解为图纸边界。应用时，只需设置图纸的左下角点和右上角点的坐标，就可建立一个不可见的矩形绘图边界，AutoCAD 默认的绘图界限为 A3 图纸幅面，尺寸为 420 mm × 297 mm。

设置绘图界限可采用以下几种方法：

- 下拉菜单法：格式→图形界限；
- 键盘输入法：Limits↓。

执行设置绘图界限命令后，根据命令行提示，可以改变右上角绘图界限的设置。在提示中，若以“ON”响应，则绘图超出设置的绘图范围，系统会出现“超出界限”的提示；若以“OFF”响应，则关闭边界检验功能，可超出所设置的绘图范围进行绘图。

**【例 3-1】** 设置 A3 图形界限。

（1）执行图形界限命令，命令行提示如下：

重新设置模型空间界限：

指定左下角点或[开(ON)/关(OFF)]<0.0000,0.0000>：↓//使用默认值，直接回车；

指定右上角点<420.0000,297.0000>：↓ //使用默认值，直接回车。

（2）选择“视图”→“缩放”→“全部”命令，使设定的绘图界限全部显示在绘图区域内。

（3）打开“栅格”按钮，绘图界限范围内显示栅格点。

# 第二节 图层设置

对于工程图形中的不同线型，在 AutoCAD 中一般是通过使用图层设置的方法来解决的。通过合理创建和使用图层，不仅能够节省图形文件的存储空间，而且便于图形管理和输出。

我们可以将不同图层看作是有着准确定位关系的若干张“透明图纸”叠加在一起。分别对每一图层设置合适的颜色、线型、线宽等，再根据需要将不同的对象分别绘制在不同图层上，由于各图层间有着准确的定位关系，故所有对象构成的统一整体，也就是我们所需要的工程图形。

在 AutoCAD 中，每创建一个新图形，系统都会自动产生一个默认图层——“0 层”；同时指定该层的颜色（白色）、线型（Continuous，即连续）、线宽（默认值为 0.25 mm）等。在创建新图层之前，所有的图形对象均绘制在 0 层上。0 层既不能被删除，也不能被重命名，但可以修改其颜色、线型等；为便于对图层进行管理，建议保留 0 层的全部默认设置，不要对其做任何修改。为了满足绘图的需要，可创建若干新图层。

创建和管理图层可通过“图层特性管理器”对话框来实现。可通过下述几种方法调出该对话框：

- 单击按钮法：（图层特性管理器——在“图层”工具栏中）；

● 下拉菜单法：格式→图层…；

● 键盘输入法：Layer（简捷命令为 La）↓。

执行图层命令后，弹出如图 3-2 所示的"图层特性管理器"对话框。

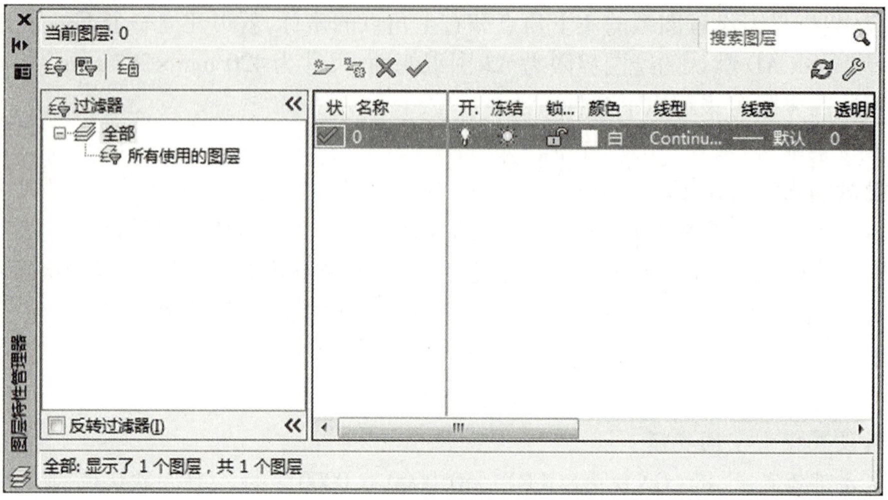


图 3-2 "图层特性管理器"对话框

## 一、创建图层

"图层特性管理器"对话框中的三个按钮分别表示新建图层、删除图层和置为当前。

需要注意的是：0 层、当前层及包含对象的图层均不能被删除。单击按钮，则高亮显示的图层将被删除。另外，虽然一次可设置多个图层，但当前图层只能有一个，且只能在当前图层上绘制图形。通过选择图层，然后单击"置为当前"按钮，可切换当前图层（双击对应图层也可完成当前层的切换），当前图层名称前面带有标志。

下面介绍如何利用"图层特性管理器"对话框对图层进行设置。

**（一）修改图层名称**

单击"新建图层"按钮后，生成新图层，此时可直接修改其名称；若在以后修改，需先将欲修改名称激活为可编辑状态。连续单击按钮，可依次生成名为"图层 1"、"图层 2"……的新图层。默认情况下，新建图层与高亮显示图层的状态、颜色、线型、线宽等设置相同，而与当前图层的设置无关。

一般地，图层的命名可采用线型名与对象名相结合的方法。如"粗实线 01"等是以线型名命名的，这就要求绘图者了解该线型的应用场合，也就是了解不同制图标准中对线型应用的规定；而其中的"中心线 04"等是以对象名命名的，应用比较明确。

**（二）设置图层颜色**

单击高亮显示图层的"颜色"对应位置，弹出"选择颜色"对话框，可很方便地完成高亮显示图层的颜色设置。

## （三）设置图层的线型

1. 利用“图层特性管理器”对话框设置并加载线型

单击高亮显示图层的“线型”对应位置，可弹出“选择线型”对话框，如图 3-3 所示，此时，对话框中仅显示已加载线型（图 3-3 中仅有默认线型 Continuous）。若无所需线型，则需单击“加载…”按钮，弹出“加载或重载线型”对话框，如图 3-4 所示，选择所需线型，如 ACAD_ISO02W100，单击“确定”按钮，返回“选择线型”对话框。这时一定要注意应使刚选择的线型 ACAD_ISO02W100 处于高亮显示状态，单击“确定”按钮，返回“图层特性管理器”对话框，即可完成亮显图层的线型设置。

建议在选择线型时，尽量选择 ISO 标准中的线型，如虚线选择 ACAD_ISO02W100 点划线、中心线选择 ACAD_ISO04W100、双点划线选择 ACAD_ISO05W100 等。

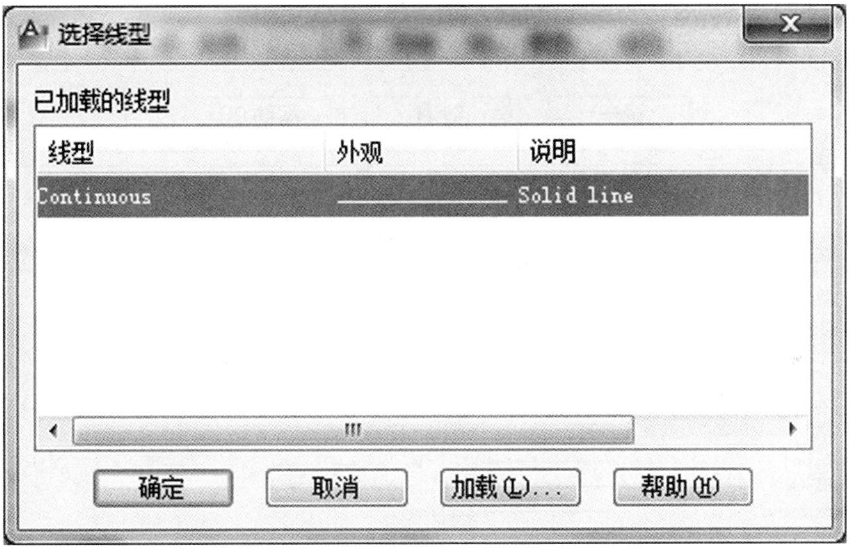


图 3-3 “选择线型”对话框

2. 设置线型比例

在实际绘图过程中，经常会遇到虚线、点画线等不连续线段在屏幕上显示为连续线段的情况，这是因为线型比例值设置不合理（默认值为 1）。可以通过下述方法修改线型比例：

- 下拉菜单法：格式→线型…；
- 键盘输入法：Ltscale（简捷命令为 Lts）↓。

应用下拉菜单法，会弹出“线型管理器”对话框，如图 3-5 所示，单击“显示细节”按钮，修改全局比例因子（其值不能设置为 0）即可。这里值得注意的是，修改全局比例因子对已绘制的线型和将要绘制的线型都会产生影响；修改当前对象缩放比例只会影响将要绘制的线型，其缩放比例为当前对象缩放比例与全局比例因子的乘积。

应用键盘输入法，可在命令行直接输入全局比例因子数值，这样的设置也会同时影响已绘制的线型和将要绘制的线型。

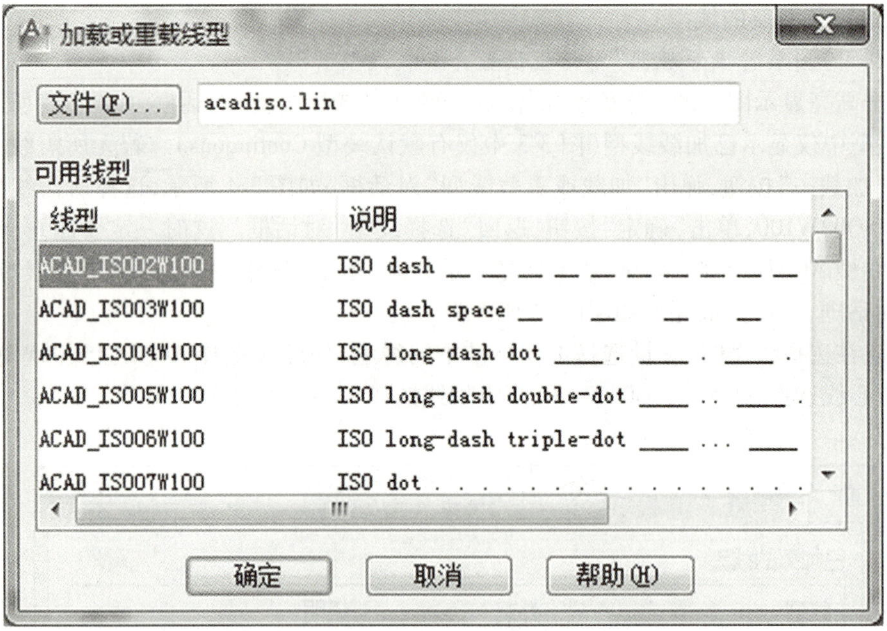


图 3-4 “加载或重载线型”对话框

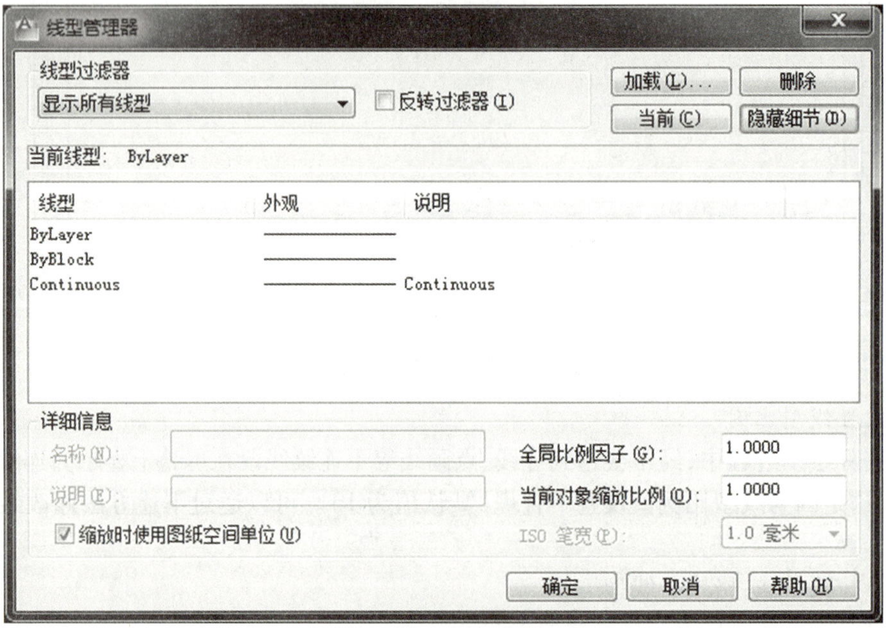


图 3-5 “线型管理器”对话框

另外,通过本节后面将要讲到的“对象特性”选项板,还可修改选定对象的比例因子。

一般地,利用 A3 幅面的图纸绘制图形时,默认全局比例因子值 1 就能够满足大部分图线的绘制要求,当图形较大时,可适当放大全局比例因子;当图形较小时,可适当缩小全局比例因子。

图 3-6 所示为虚线和点画线在取不同全局比例因子时的显示情况。

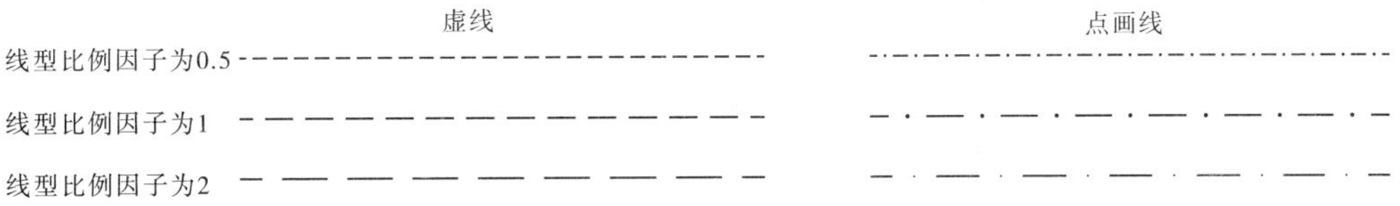


图 3-6　不同全局比例因子对比

## (四)设置图层的线宽

单击高亮显示图层的“线宽”对应位置,可弹出“线宽设置”对话框,选择所需线宽值,单击“确定”按钮,返回“图层特性管理器”对话框,即可完成亮显图层的线宽设置。

默认情况下,屏幕上不显示线宽,可通过以下方法控制线宽的显示状态:

- 下拉菜单法:格式→线宽…;
- 状态栏法:单击“线宽”开关按钮。

利用下拉菜单法,可打开“线宽设置”对话框,如图 3-7 所示。通过该对话框不仅能设置线宽的显示状态,还能改变屏幕上的线宽显示宽度。勾选“显示线宽”复选框,单击“确定”按钮,可以打开线宽显示;通过调整显示比例滑块位置,可改变屏幕上的线宽显示宽度,该显示宽度不会影响打印宽度。同一种宽度的图线,当设置为不同的显示比例时,在屏幕上的显示情况是不同的。如图 3-8 所示是宽度为 0.7 的图线,在两种不同显示比例时,屏幕上的宽度显示效果。

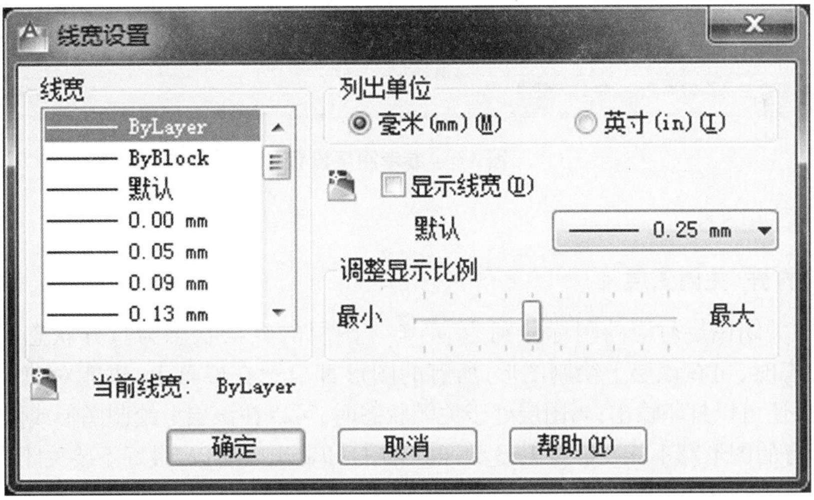


图 3-7　“线宽设置”对话框

以上分别对图层的名称、颜色、线型和线宽进行了设置。一般情况下,绘制工程图样的图层设置可参考图 3-9,必要时,可添加新的图层。

需要注意的是,为了便于今后的管理,最好使各层的颜色、线型和线宽等都处于随层状态。

## (五)设置图层的打印样式和打印

通过单击“图层特性管理器”对话框中的打印图标,可控制是否打印相应图层上的图形。打印图标的两种显示方式 / 分别表示打印和不打印。

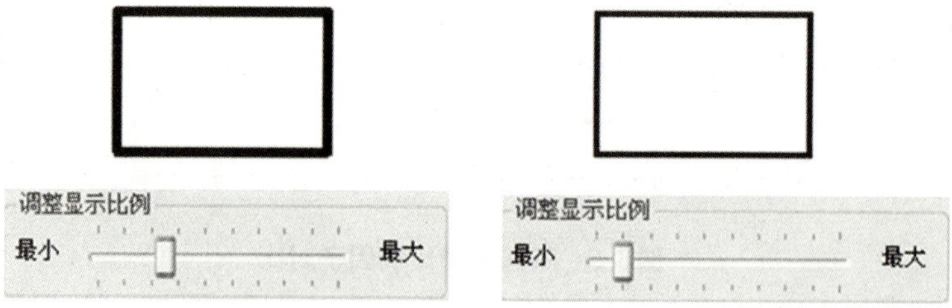


(a) 较大显示比例　　(b) 较小显示比例

图 3-8　不同显示比例时线宽显示效果

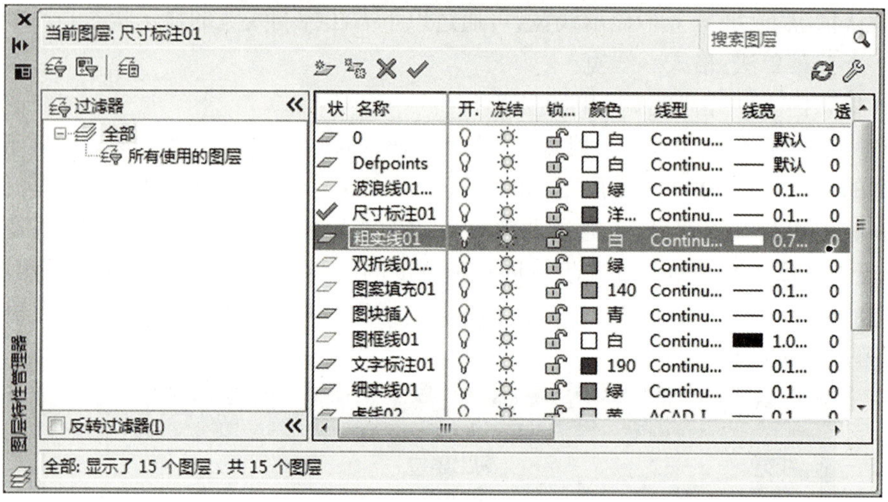


图 3-9　参考图层设置

## 二、管理图层

### (一)打开/关闭图层

打开/关闭图层对应的图标分别为 / 。图层的默认状态为打开状态。当图层处于打开状态时,可在该层上绘制图形,所有的图形都显示在屏幕上,也能对该层上的图形进行修改,还可以打印输出;当图层处于关闭状态时,可以在该层上绘制图形或修改图形,但图层上所有的图形都不能在屏幕上显示,也不能打印输出。所以,最好不要关闭当前图层。

### (二)解冻/冻结图层

解冻/冻结图层对应的图标分别为 / 。当图层处于解冻状态时,与打开状态完全相同;当图层处于冻结状态时,不能将该层设为当前图层,也不能在该层上绘制图形或修改图形,图层上所有的图形既不能在屏幕上显示,也不能打印输出。当前图层不能被冻结。

关闭图层与冻结图层不同的是:当对图形文件做重生成处理时,处于关闭图层上的对象参与运算,而处于冻结图层上的对象不参与运算,从而提高了重生成速度。

### (三)解锁/锁定图层

解锁/锁定图层对应的图标分别为 / 。当图层处于解锁状态时,与打开状态完全相同；当图层处于锁定状态时，可以在该层上绘制图形，图层上所有的图形既能在屏幕上显示，也能打印输出，但不能修改图形。利用锁定图层可防止意外选定并修改该图层上的对象。

上述几种图层管理方式，除可以通过在“图层特性管理器”对话框中点取相应图标完成切换外，还可以在“图层”工具栏的下拉列表中点取相应图标完成，如图 3-10(a)所示。该图中 0 层为当前图层，图层 1 处于关闭状态，图层 2 处于锁定状态，图层 3 处于冻结状态。

(a) 通过下拉列表设置图层状态

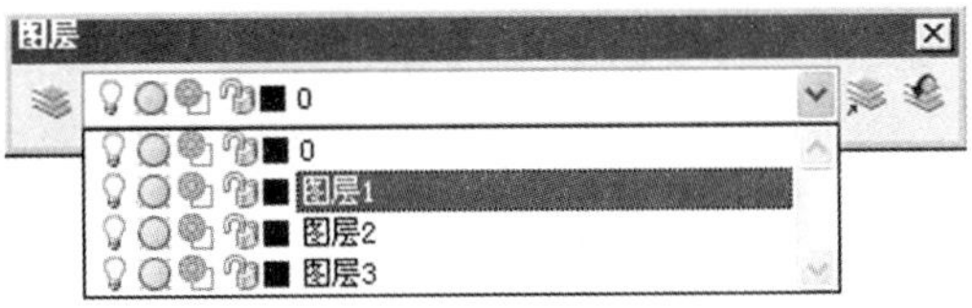


(b) 通过下拉列表切换当前图层

图 3-10 “图层”工具栏

**(四)切换当前层**

1. 直接切换

直接切换当前图层，可通过两种方法实现：一是前面介绍的利用“图层特性管理器”对话框；二是利用“图层”工具栏中的下拉列表，直接在图层高亮显示位置单击鼠标左键即可将该层切换为当前图层。如图 3-10(b)所示，可将图层 1 切换为当前面层。

2. 利用已绘制实体切换

如果已在不同图层上绘制了实体，便可以选中其中任意一个实体，然后单击“图层”工具栏上的按钮，就可将选中实体所在的图层切换为当前图层。

**(五)改变已绘制实体所在图层**

1. 直接改变

选中欲改变图层的实体，则在“图层”工具栏的列表框中显示该实体所在的图层(称为源图层)，然后在下拉列表中的目标图层名称位置处单击鼠标左键，再按下键盘上的 Esc 键，就可将实体由源图层改变至目标图层上。

2. 利用“特性匹配”功能

“特性匹配”功能就是将一个对象的特性赋予另一个对象。从中提取特性的对象称为源对象，接受特性的对象称为目标对象。可以匹配的特性包括颜色、图层、线型、线型比例、线宽等。可以全部匹配，也可以有选择地匹配。

一般可以通过以下三种方法调用“特性匹配”功能：

- 单击按钮法：(特性匹配——在“标准”工具栏中)；

• 下拉菜单法:修改→特性匹配;

• 键盘输入法:Matchprop(简捷命令为 Ma)或 Painter↓。

执行该命令后,按照命令行的提示可完成操作。

3. 利用“特性”选项板

一般可以通过以下几种方法调用“特性”选项板:

• 单击按钮法:(对象特性——在“标准”工具栏中);

• 下拉菜单法:修改→特性(或工具→选项板→特性);

• 键盘输入法:Properties(简捷命令为 Pr)或 Ddmodify↓;

• 快捷方式:Ctrl + 1(表示同时按下 Ctrl 键和数字键 1)。

执行该命令后,弹出“特性”选项板,如图 3-11 所示。根据选择对象的不同,“特性”选项板中显示的内容会有所不同,图 3-11 所示为中心线层;打开图层栏中隐藏的下拉列表,在其中选择目标图层,再按下键盘上的 Esc 键,就可将实体由源图层改变至目标图层上。

在“特性”选项板中,所有底色为白色的参数都可进行修改。比如前面提到的修改对象的全局比例就可以先选择对象,再修改“线型比例”选项后面的参数,图 3-11 中,所选直线的线型比例为 0.5。

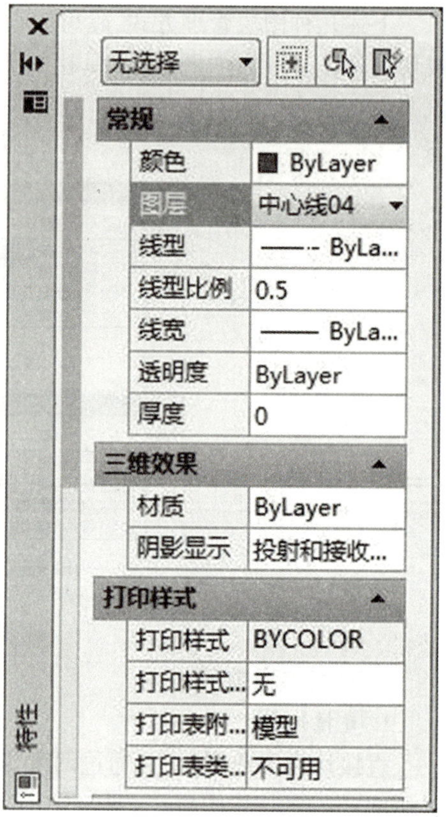


图 3-11 “特性”选项板

## (六)图层状态管理器

为了提高效率,AutoCAD 2012 提供了“图层状态管理器”保存图层特性功能,即用户将创建好的图层以文件的形式保存起来,在绘制其他图形时,直接将其调用到当前图形中即可。

1. 图层状态的保存与输出

在“图层特性管理器”对话框中单击“图层状态管理器”按钮,打开“图层状态管理器”对话框,单击“新建”按钮,在打开的“要保存的新图层状态”对话框中输入新图层状态名称即可,如图 3-12 所示。单击“确定”按钮后,返回到“图层状态管理器”对话框,单击“输出”按钮,打开“输出图形状态”对话框,在“保存于”下拉列表框中选择文件的保存位置,在“文件名”文本框中输入“建筑工程图常用图层”,单击“保存”即可。

2. 图层状态的输入

要想调用设置好的图层状态,可以参照如下操作。

在“图层特性管理器”对话框中,单击“图层状态管理器”按钮,打开“图层状态管理

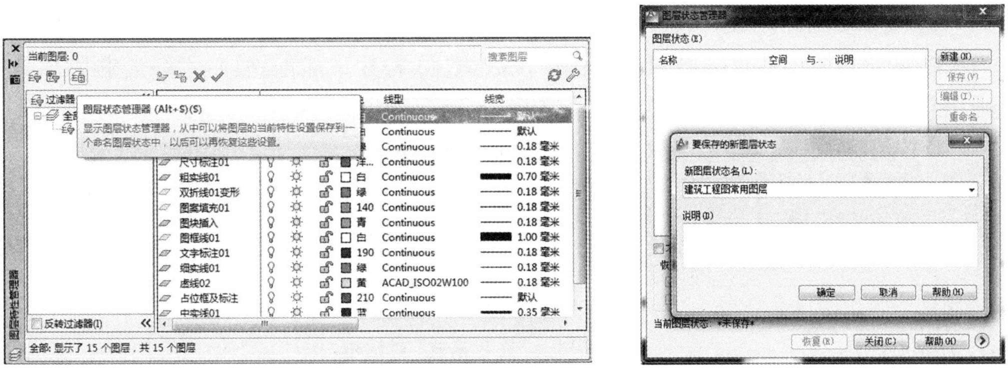


**图 3-12 “图层状态管理器”对话框**

器”对话框，单击“输入”按钮，在打开的“输入图层状态”对话框中，从“文件类型”下拉列表框中选择“图层状态( ＊.las)”，在“查找范围”下拉列表框中选择文件的存放位置，在文件列表中选择要输入的图层状态文件，单击“打开”按钮即可。

# 第三节 尺寸标注

尺寸是工程图样的重要组成部分，AutoCAD 为我们提供了方便、快捷的尺寸标注及标注样式设置工具为图形进行尺寸标注。

## 一、线性长度尺寸标注

线性命令用于标注图形对象上任意两点之间的长度尺寸，可通过下述几种方法调出该命令：

- 单击按钮法：(线性——在“标注”工具栏中)；
- 下拉菜单法：标注→线性；
- 键盘输入法：Dimlinear(简捷命令为 Dli)↓。

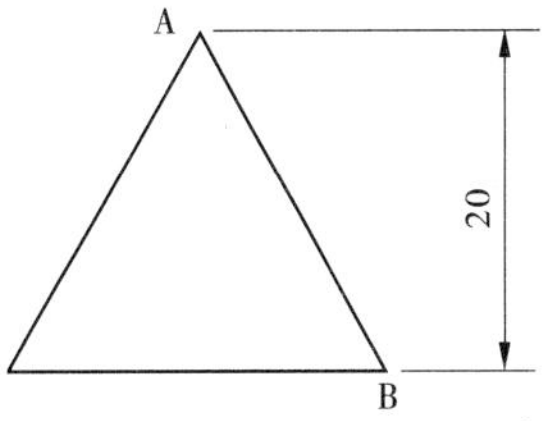


**图 3-13 线性命令**

**【例 3-2】** 以图 3-13 为例，说明线性命令的操作方法。

执行线性命令后，命令行提示如下：

命令：Dimlinear↓//在命令行输入 Dimlinear 命令并回车；

指定第一条尺寸界线原点或 <选择对象>：

//在点 A 处单击鼠标左键，确定标注长度的第一条尺寸界线的原点；

指定第二条尺寸界线原点：

//在点 B 处单击鼠标左键，确定标注长度的第二条尺寸界线的原点；

指定尺寸线位置或[多行文字(M)/文字(T)/角度(A)/水平(H)/垂直(V)/旋转(R)]

//在合适的位置单击鼠标左键，确定尺寸线的位置，如图 3-13 所示。

线性命令相关选项的功能如下：

(1)多行文字(M)。

键入“M”,激活该选项后弹出如图 3-14 所示的“文字格式”对话框,其中的亮显文字为系统自动测算出的尺寸数值。若保留该数值,可为其添加前缀或后缀;若删除该数值,则用新输入的内容替代原有尺寸数值,如图 3-15 所示。

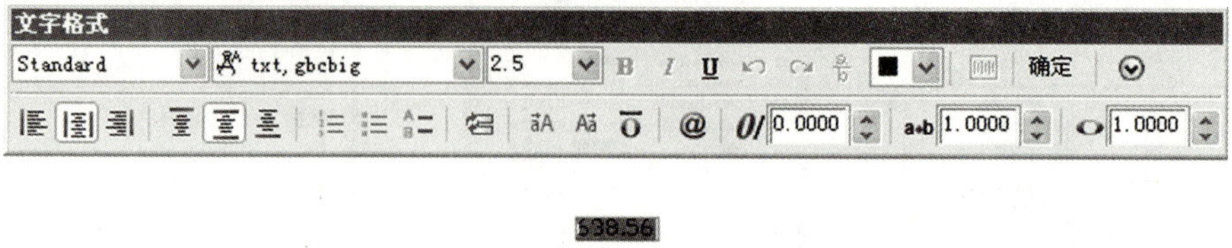


图 3-14 “文字格式”对话框

(a)为尺寸添加前缀　　(b)替代原有尺寸数值

图 3-15 多行文字选项

(2)文字(T)。

键入“T”后,系统继续提示:

输入标注文字 <当前值>:

此时,用户可在命令行中手动输入所需尺寸文字内容。< >内的值为系统默认的尺寸数值。

(3)角度(A)。

角度选项用来设置标注文字的旋转角度。键入“A”,命令行出现“指定标注文字的角度”的提示,在此提示下输入文本需要旋转的角度即可。图 3-16 所示为文字旋转 60°效果。

(4)水平(H)。

选择水平选项后,只能标注两点之间的水平尺寸,如图 3-17 所示。

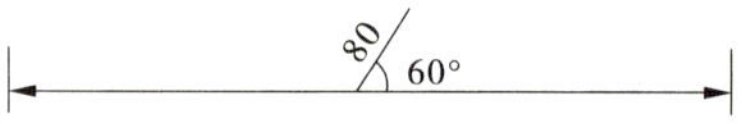


图 3-16 文字旋转 60°效果

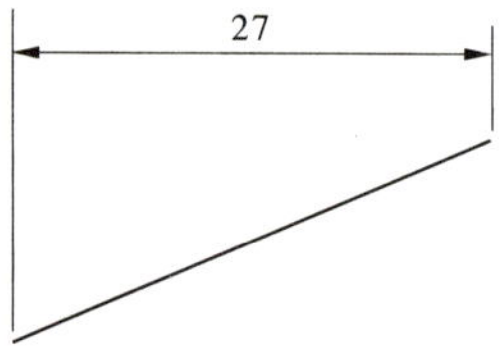


图 3-17 水平选项

(5)垂直(V)。

选择垂直选项后,只能标注两点之间的垂直尺寸,如图 3-18 所示。

(6)旋转(R)。

旋转选项用于标注指定方向上两点之间的直线距离,根据提示输入尺寸线需要旋转的角度即可。此选项较少用。图 3-19 为旋转 45°的效果。

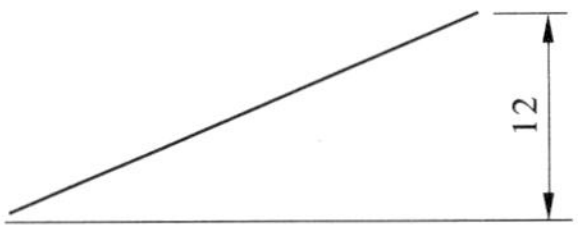


图 3-18　垂直选项

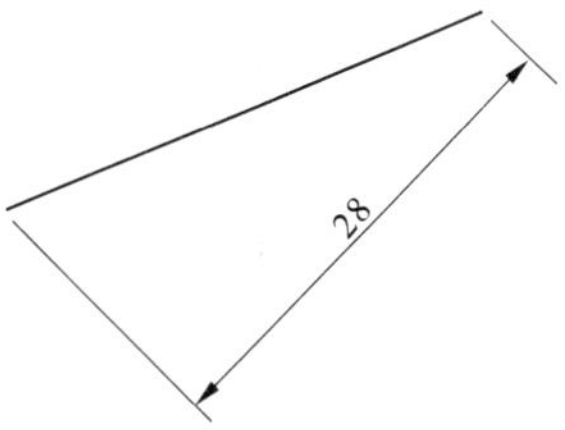


图 3-19　旋转选项——旋转 45°效果

## 二、对齐命令

对齐命令用来标注倾斜线段长度方向的尺寸，此时，尺寸线与标注两点之间的连线平行。一般可通过下述几种方法调出对齐命令：

- 单击按钮法：（对齐——在“标注”工具栏中）；
- 下拉菜单法：标注→对齐；
- 键盘输入法：Dimaligned（简捷命令为 Dal）↓。

该命令操作步骤及相关选项与线性命令相同，不再赘述。图 3-20 为对齐命令的标注效果。

## 三、径向尺寸标注

### （一）直径命令

直径命令用于标注圆或圆弧的直径尺寸，可通过下述几种方法调出该命令：

- 单击按钮法：（直径——在“标注”工具栏中）；
- 下拉菜单法：标注→直径；
- 键盘输入法：Dimdiameter（简捷命令为 Ddi）↓。

**【例 3-3】**　以图 3-21 为例，说明直径命令的操作方法。

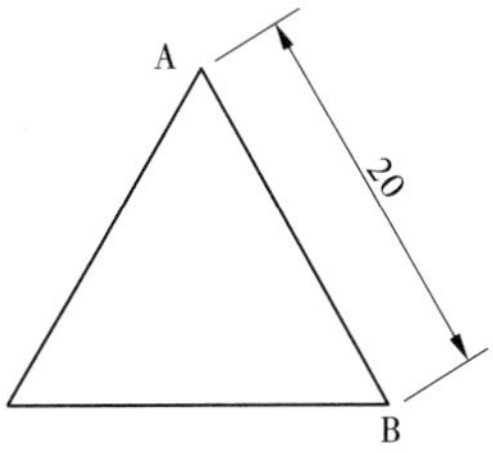


图 3-20　对齐命令的标注效果

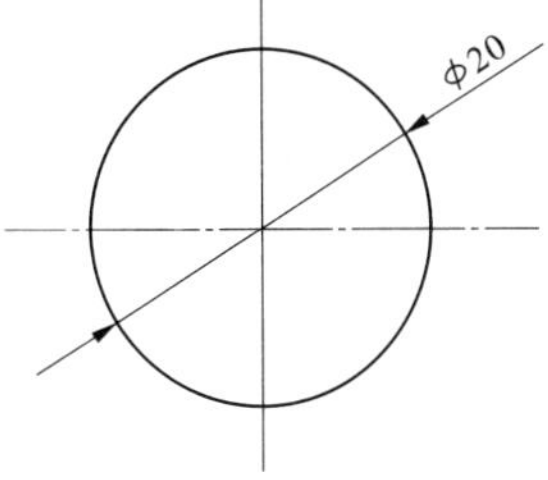


图 3-21　直径命令的标注效果

执行直径命令后，命令行提示如下：

命令：Dimdiameter↓　　　　　　　//在命令行输入 Dimdiameter 命令并回车；

选择圆弧或圆：　　　　　　　　　//在图 3-21 中的圆形轮廓上单击鼠标左键；

指定尺寸线位置或[多行文字(M)/文字(T)/角度(A)]：

　　　　　　　　　　　　　　　　//移动光标指定尺寸线的位置。

标注效果如图 3-21 所示。其中,尺寸线的位置因光标拾取的位置不同而有所不同。

直径命令中各相关选项的功能与线性命令中的对应选项一致。

**(二)半径命令**

半径命令用于标注圆或圆弧的半径尺寸,可通过下述几种方法调出该命令:

- 单击按钮法:(半径——在"标注"工具栏中);
- 下拉菜单法:标注→半径;
- 键盘输入法:Dimradius (简捷命令为 Dra)↓。

【例 3-4】 以图 3-22 为例,说明半径命令的操作方法。

执行半径命令后,命令行提示如下:

命令:Dimradius ↓　　　　//在命令行输入 Dimradius 命令并回车;

选择圆弧或圆:　　　　//在图 3-22 中的圆弧轮廓上单击鼠标左键;

指定尺寸线位置或[多行文字(M)/文字(T)/角度(A)]:

　　　　//移动光标指定尺寸线的位置,如图 3-22 所示。

半径命令中各相关选项的功能与线性命令中的对应选项一致。

**(三)折弯命令**

当圆弧的直径过大,在图纸当中无法显示其圆心的实际位置时,宜采用折弯命令标注其半径尺寸。该命令一般可通过下述几种方法调出:

- 单击按钮法:(折弯——在"标注"工具栏中);
- 下拉菜单法:标注→折弯;
- 键盘输入法:Dimjogged(简捷命令为 Djo)↓。

【例 3-5】 以图 3-23 为例,说明折弯命令的操作方法。

执行折弯命令后,命令行提示如下:

命令:Dimjogged↓　　　　//在命令行输入 Dimjogged 命令并回车;

选择圆弧或圆:　　　　//在图 3-23 中的圆弧处单击鼠标左键;

指定中心位置替代:　　　　//在点 O 处单击鼠标左键,用该点代替圆弧的圆心点,尺寸线将由此点引出;

指定尺寸线位置或[多行文字(M)/文字(T)/角度(A)]:

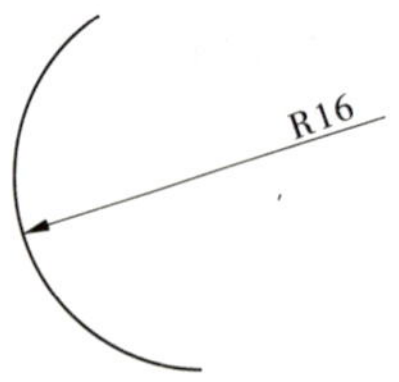


图 3-22　半径命令

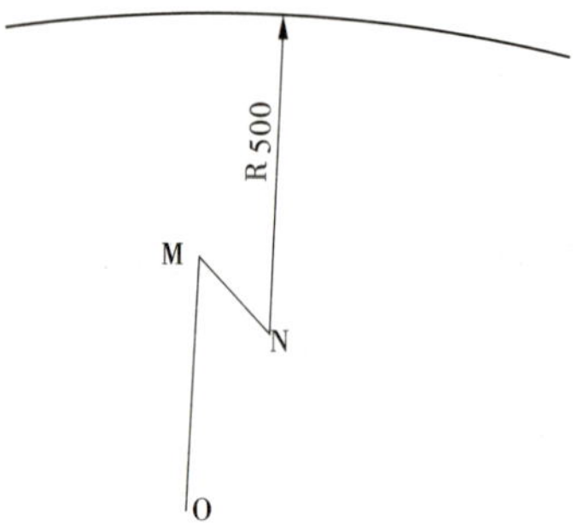


图 3-23　折弯命令

//移动光标指定尺寸线的位置或选择相应选项；

指定折弯位置：//在 M 点及 N 点处分别单击鼠标左键，以确定尺寸线的折弯角度。

折弯命令中相关选项的功能与线性命令中的相关选项一致。

## 四、角度和弧长尺寸标注

### （一）角度命令

角度命令用于标注直线间的角度或者圆和圆弧的角度。该命令一般可通过下述几种方法调出：

- 单击按钮法：（角度——在“标注”工具栏中）；
- 下拉菜单法：标注→角度；
- 键盘输入法：Dimangular（简捷命令为 Dan）↓。

**【例 3-6】** 以图 3-24 为例，说明角度命令的操作方法。

执行角度命令，命令行提示如下：

命令：Dimangular↓

//在命令行输入 Dimangular 命令并回车；

选择圆弧、圆、直线或 <指定顶点>：

//光标放在直线 AB 上单击鼠标左键，选择标注角度的第一条直线；

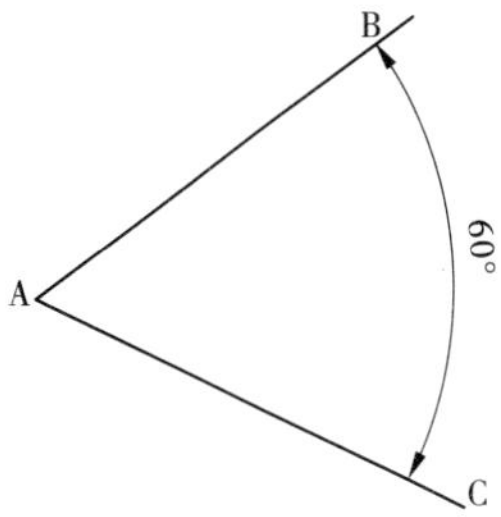


**图 3-24　角度命令**

选择第二条直线：

//光标放在直线 AC 上单击鼠标左键，选择第二条直线；

指定标注弧线位置或[多行文字(M)/文字(T)/角度(A)]：

//移动光标确定尺寸线的位置或者选择相应选项。

角度命令中相关选项的功能与线性命令的对应选项一致。利用角度命令可为圆和圆弧标注角度，如图 3-25 所示。

**图 3-25　为圆和圆弧标注角度**

### （二）弧长命令

弧长命令用于标注圆弧或多段线圆弧段的弧长。该命令可通过下述几种方法调出：

- 单击按钮法：（弧长——在“标注”工具栏中）；
- 下拉菜单法：标注→弧长；
- 键盘输入法：Dimarc（简捷命令为 Dar）↓。

【例 3-7】 以图 3-26(a)为例,说明弧长命令的操作方法。

执行弧长命令,命令行提示如下:

命令:Dimarc ↓　　　　　　　　//在命令行输入 Dimarc 命令并回车;

选择弧线段或多段线弧线段:　　　　//在图 3-26(a)的圆弧上单击鼠标左键;

指定弧长标注位置或[多行文字(M)/文字(T)/角度(A)/部分(P)/引线(L):]

　　　　　　　　　　　　　　　　//移动光标确定尺寸标注的位置。

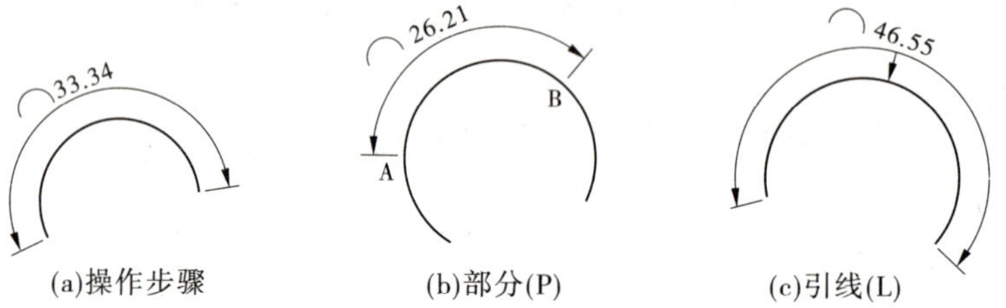


(a)操作步骤　　(b)部分(P)　　(c)引线(L)

**图 3-26　弧长命令**

弧长命令相关选项的功能如下:

(1)多行文字(M)、文字(T)、角度(A):与前述相同。

(2)部分(P):用于标注所选圆弧或圆弧长的一部分长度尺寸。下面以图 3-26(b)为例说明该选项的使用方法。键入“P”,命令行提示如下:

指定弧长标注的第一个点:　　　　//在图 3-26(b)中的点 A 处单击鼠标左键;

指定弧长标注的第二个点:　　　　//在图 3-26(b)中的点 B 处单击鼠标左键。

此时图中所标尺寸值为 A、B 两点之间的弧长值。

(3)引线(L):为弧长标注添加指向圆心的引线。键入“L”, 命令行提示如下:

指定弧长标注位置或[多行文字(M)/文字(T)/角度(A)/部分(P)/无引线(N)]:

　　　　　　　　//移动光标以确定尺寸的放置位置,如图 3-26(c)所示。

注意:只有所标圆弧夹角大于 90°时,此选项才有效。

## 五、标注复合尺寸

### (一)基线命令

基线命令是用上一个或选定的尺寸标注起点作为共同的尺寸基准,标注多个线性或角度尺寸的命令。在基线尺寸标注之前必须先标有至少一个线性或角度尺寸,如图 3-27(a)所示。基线标注效果如图 3-27(b)所示。该命令可通过下述几种方法调出:

- 单击按钮法:(基线——在“标注”工具栏中);
- 下拉菜单法:标注→基线;
- 键盘输入法:Dimbaseline(简捷命令为 Dba)↓。

【例 3-8】 以图 3-27 为例,说明基线命令的操作方法。

执行基线命令,命令行提示如下:

命令:Dimbaseline ↓　　　　　　//在命令行输入 Dimbaseline 命令并回车;

选择基准标注:　　　　　　　　//选择已有标注(如图 3-27(a)中的 9.27)

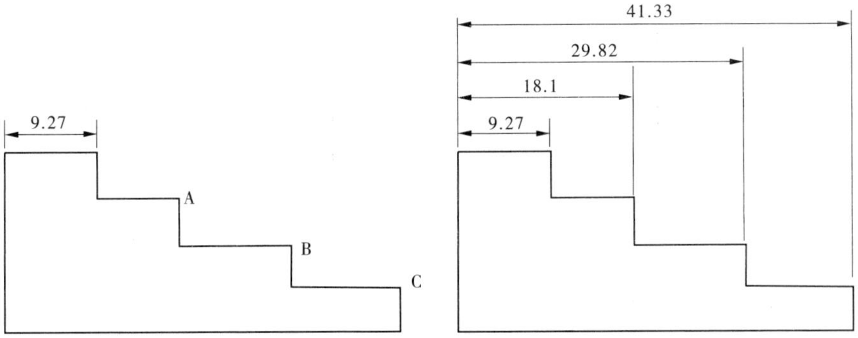


(a)原有尺寸　　(b)基线命令标注效果

**图 3-27　基线命令**

指定第二条尺寸界线原点或[放弃(U)/选择(S)] <选择>:

　　　　　　　　　　//打开对象捕捉功能,在图 3-27(a)的点 A 处单击鼠标左键;

指定第二条尺寸界线原点或[放弃(U)/选择(S)] <选择>:

　　　　　　　　　　//打开对象捕捉功能,在图 3-27(a)的点 B 处单击鼠标左键;

指定第二条尺寸界线原点或[放弃(U)/选择(S)] <选择>:

　　　　　　　　　　//打开对象捕捉功能,在图 3-27(a)的点 C 处单击鼠标左键;

指定第二条尺寸界线原点或[放弃(U)/选择(S)] <选择>↓　　//回车;

选择基准标注:↓　　　　　　　　　　//回车,结束命令。

基线命令相关选项的功能如下:

(1)放弃(U):键入“U”,系统将会删除已经标注的最后一个基线尺寸。

(2)选择(S):键入“S”,用于选择某一个已经标好的尺寸标注作为基线尺寸的基准。

**(二)连续命令**

连续命令是标注首尾相连的多个标注。与使用基线命令标注类似,在使用连续命令标注之前,应该先标有至少一个线性或角度尺寸,如图 3-28(a)所示。连续标注效果如图 3-28(b)所示。该命令可通过下述几种方法调出:

- 单击按钮法:(连续——在“标注”工具栏中);
- 下拉菜单法:标注→连续;
- 键盘输入法:Dimcontinue(简捷命令为 Dco)↓。

**【例 3-9】** 以图 3-28 为例,说明连续命令的操作方法。

在运用连续标注之前要先标注第一个角度尺寸,如图 3-28(a)所示。执行连续命令,命令行提示如下:

命令:Dimcontinue ↓//在命令行输入 Dimcontinue 命令并回车;

选择基准标注:　　//选择已有标注(见图 3-28(a)中的 72°)

指定第二条尺寸界线原点或[放弃(U)/选择(S)] <选择>:

　　　　　　　　　　//打开对象捕捉功能,在图 3-28(b)的点 A 处单击鼠标左键;

指定第二条尺寸界线原点或[放弃(U)/选择(S)] <选择>:

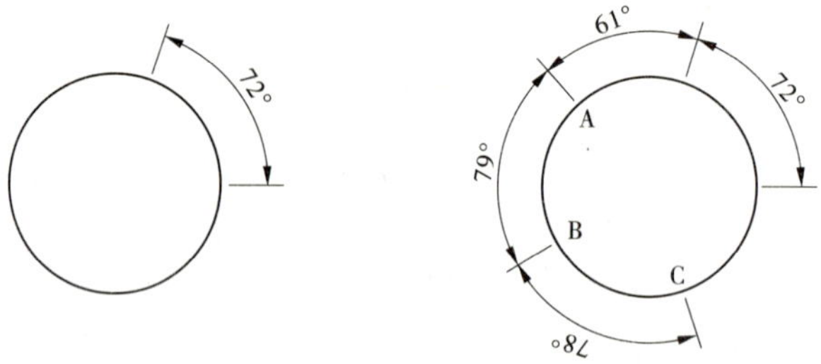


(a)原有尺寸　　　　(b)连续命令标注效果

**图 3-28　连续命令**

//打开对象捕捉功能,在图 3-28(b)的点 B 处单击鼠标左键;

指定第二条尺寸界线原点或[放弃(U)/选择(S)] <选择>:

//打开对象捕捉功能,在图 3-28(b)的点 C 处单击鼠标左键;

指定第二条尺寸界线原点或[放弃(U)/选择(S)] <选择>:↓　　//回车;

选择连续标注:↓　　//回车,结束命令。

连续标注命令中放弃(U)、选择(S)选项的功能与前述相同。

**(三)快速标注命令**

快速标注命令用于快速标注或修改某一组标注。它多用于为某一图形对象标注一系列基线或连续标注,或者为一系列圆或圆弧创建标注,如图 3-29 所示,快速标注命令可通过下述几种方法调出:

- 单击按钮法:(快速——在“标注”工具栏中);
- 下拉菜单法:标注→快速标注;
- 键盘输入法:Qdim↓。

**【例 3-10】**　以图 3-29 为例,说明快速标注命令的操作方法。

执行快速标注命令,命令行提示如下:

命令:Qdim ↓　　//在命令行输入 Qdim 命令并回车;

选择要标注的几何体:　　//在图 3-29 中以窗口选择的方式将 6 个圆全部选中;

指定尺寸线位置或[连续(C)/并列(S)/基线(B)/坐标(O)/半径(R)/直径(D)/基准点(P)/编辑(E)/设置(T)] <当前>:　　//移动光标将尺寸标注放在合适的位置上。

快速标注命令标注结果如图 3-29 所示。

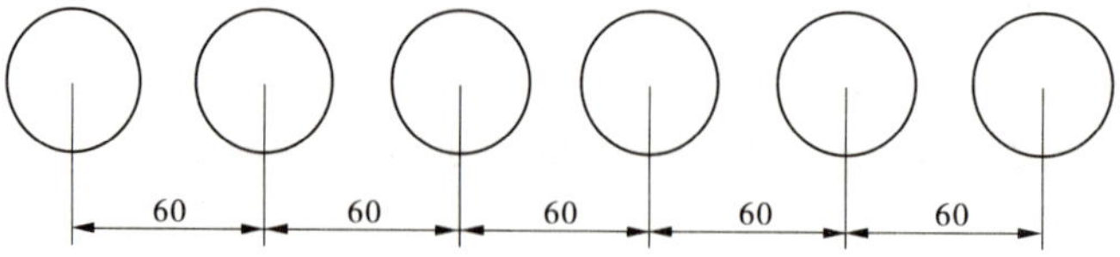


**图 3-29　快速标注命令标注结果**

快速标注命令中相关选项的功能如下:

(1)连续(C):创建一系列连续标注。

(2)并列(S):创建一系列并列标注。通常用于对称实体的标注,如图 3-30 所示。

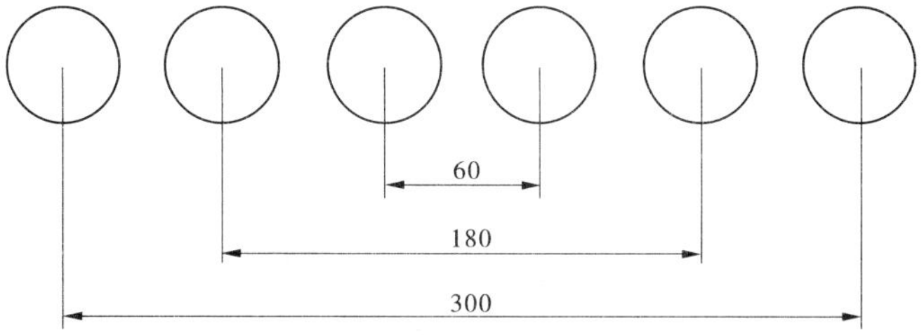


**图 3-30　并列选项标注效果**

(3)基线(B):创建一系列基线标注。

(4)坐标(O):创建一系列坐标标注。

(5)半径(R):创建一系列半径标注。

(6)直径(D):创建一系列直径标注。

(7)基准点(P):为基线和坐标标注设置新的基准点。

(8)编辑(E):用于对快速标注的选择集进行修改。

(9)设置(T):为指定尺寸界线原点设置默认对象捕捉。默认情况下,系统以“端点捕捉”作为尺寸界线的原点捕捉模式。

## 六、标注引线

在绘制图形时,图中的一些说明或注释,需要用引线标注。引线一般由箭头、一条直线或样条曲线和一条水平线组成。快速引线命令可通过下述几种方法调出:

- 单击按钮法:(快速引线——在“标注”工具栏中);
- 下拉菜单法:标注→快速引线;
- 键盘输入法:Qleader(简捷命令为 Le)↓。

**【例 3-11】**　以图 3-31 为例,说明快速引线命令的操作方法。

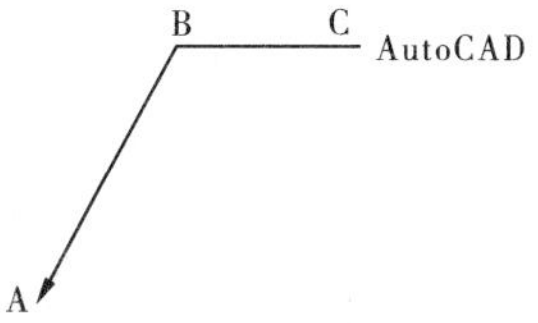


**图 3-31　快速引线命令**

执行快速引线命令,命令行提示如下:

命令:Qleader↓

//在命令行输入命令 Qleader 并回车;

指定第一个引线点或[设置(S)] <设置>:

//在点 A 处单击鼠标左键;

指定下一点:　　//在点 B 处单击鼠标左键;

指定下一点:　　//在点 C 处单击鼠标左键;

指定文字宽度 <0>:↓　//直接回车,若将文字宽度设置为 0,则文字宽度不受限制;

输入注释文字 0 的第一行:AutoCAD↓　　//在命令行输入“AutoCAD”并回车;

输入注释文字的下一行:AutoCAD↓　　//该例中只注释一行文字,故直接回车。

快速引线命令中设置(S)的功能如下:

设置(S):在“指定第一个引线点或[设置(S)] <设置>:”的提示下键入“S”或直接回车,便弹出有“注释”、“引线和箭头”、“附着”三个选项卡的对话框,通过设置,可对引线标注的样式进行设置。

## 七、标注样式管理器

为符合不同行业国家标准的相关规定，AutoCAD 软件提供了一个重要的工具——“标注样式管理器”，利用该工具可以创建符合不同需求的尺寸标注样式。

创建和管理尺寸标注样式可通过“标注样式管理器”对话框来实现，通过下述几种方法调出该对话框：

- 单击按钮法：（标注样式管理器——同时存在于“样式”和“标注”工具栏中）；
- 下拉菜单法：标注→标注样式…或格式→标注样式…；
- 键盘输入法：Dimstyle（简捷命令为 D 或 Dst）↓。

激活命令后，调出“标注样式管理器”对话框，如图 3-32 所示。

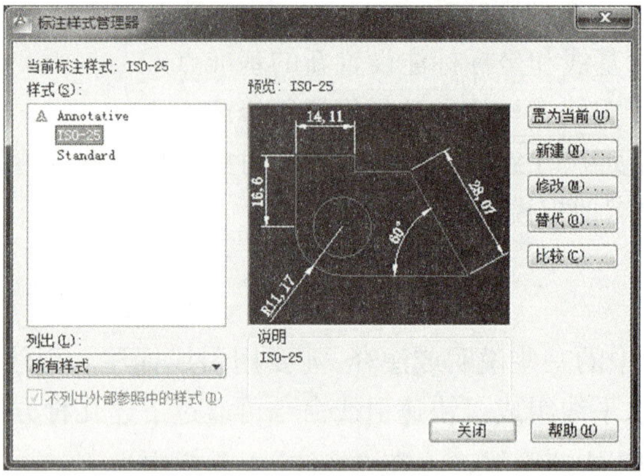


图 3-32 “标注样式管理器”对话框

用户可利用“标注样式管理器”对话框创建符合需要的新尺寸标注样式，也可对已有的尺寸标注样式进行编辑、修改或替代等。无论是新建还是修改尺寸标注样式，都可以通过以下几个方面对尺寸标注进行控制：

（1）尺寸线、尺寸界线、箭头和圆心标记的格式和位置。

（2）标注文字的外观、位置和对齐方式。

（3）放置文字与尺寸线的管理规则以及特征比例。

（4）主单位、换算单位和角度标注单位的格式与精度。

（5）公差值的格式与精度。

### （一）为新样式创建名称

利用“创建新标注样式”对话框，我们可以创建一个新标注样式。

（1）“新样式名”。该选项为新的尺寸标注样式创建名称，如“建筑 1∶50”。

（2）“基础样式”下拉列表。该选项为新建样式选择一个基础样式。在此，选择“ISO－25”。“ISO－25”是系统缺省设置的标注样式，是一种符合 ISO 标准的通用尺寸标注样式。

（3）“用于”下拉列表。在“用于”下拉列表中选择“所有标注”。

## (二)为新样式设置外观形式

单击

按钮,则弹出如图 3-33 所示的“新建标注样式:副本 ISO－25”对话框。对话框中有“直线”、“符号和箭头”、“文字”、“调整”、“主单位”、“换算单位”、“公差”7个选项卡,用于控制新建标注样式的外观特征。具体设置方法如下。

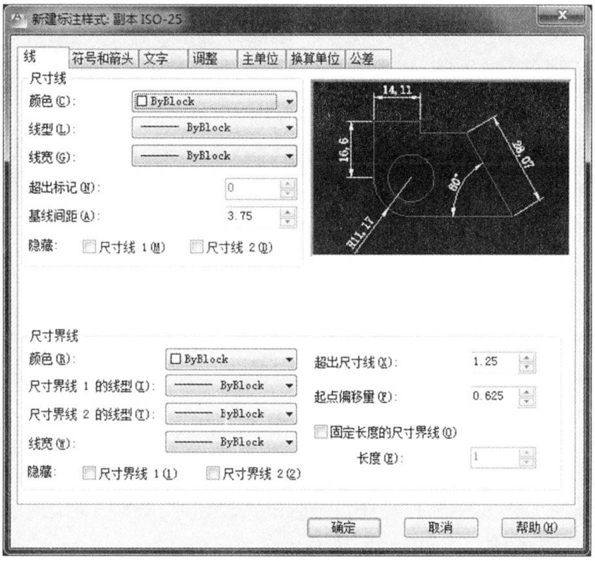


图 3-33 “新建标注样式:副本 ISO－25”对话框

1.“线”选项卡

“线”选项卡用于控制尺寸线和尺寸界线的特征。

(1)“尺寸线”选项组:可控制尺寸线的颜色、线型、线宽、基线间距等内容,其中需要调整的有基线间距。所谓基线间距,是指在采用基线标注时相邻平行尺寸线之间的距离,基线间距应大于尺寸标注数字的高度,一般为 5～10 mm。

(2)“尺寸界线”选项组:在该选项组中需要调整的有超出尺寸线、起点偏移量。

超出尺寸线:用来控制尺寸界线超出尺寸线的长度。我国国家标准中规定,尺寸界线宜超出尺寸线 2～3 mm。

起点偏移量:用于控制尺寸界线的起点与被标注对象之间的距离。我国国家标准中规定起点偏移量一般大于等于 2 mm。

2.“符号和箭头”选项卡

“符号和箭头”选项卡(见图 3-34)用于控制尺寸标注起止符号的外观。

(1)“箭头”选项组:用于控制尺寸标注起止符号的形状。

“第一个”:我国国家标准中规定,建筑图的起止符号为与尺寸界限顺时针方向成 45°的中粗斜短线;水利工程图和机械工程图则为实心闭合箭头。

“第二个”:选择同“第一个”,为系统默认选择。

“箭头大小”:控制该尺寸起止符号的大小,一般设置为 2。

(2)“圆心标记”选项组:控制圆心标记的类型和大小。

(3)“弧长符号”选项组:控制是否显示弧长符号及其显示位置。

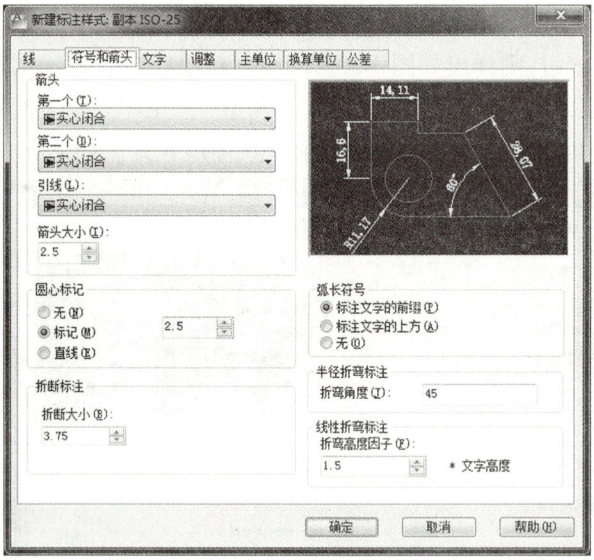


**图 3-34 “符号和箭头”选项卡**

对于(2)、(3)两个选项组采用其缺省设置即可。

(4)“半径折弯标注”选项组:主要用于圆弧半径过大,圆心无法在当前布局中进行显示时,控制尺寸线的折弯角度,一般设置为45°。

3.“文字”选项卡

打开“文字”选项卡,看到如图3-35所示的对话框。

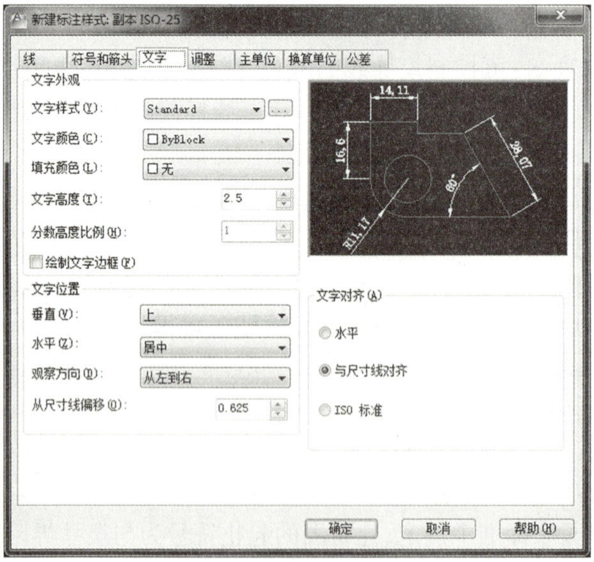


**图 3-35 “文字”选项卡**

(1)“文字外观”选项组:用于控制尺寸标注文字的样式、颜色、高度、比例等外观特征。

“文字样式”:在下拉列表中选择一个适合于尺寸标注的文字样式。如果事先没有创建,则可以点击[...]按钮来创建新的文字样式。关于创建方法,可参考文字部分的介绍。

“文字高度”:根据国家标准规定,将文字高度设置为2.5或3.5。

(2)“文字位置”选项组:用于控制尺寸标注文字相对于尺寸线及尺寸界线的位置。

“垂直”:控制标注文字在垂直方向上相对于尺寸界线的位置。

“水平”:控制标注文字在水平方向上相对于尺寸界线的位置。

“从尺寸线偏移”:控制尺寸标注文字与尺寸线之间的距离,取0.625~1.5。

(3)“文字对齐”选项组:用于控制尺寸标注文字的方向。一般情况下采用其缺省设置。

4.“调整”选项卡

打开“调整”选项卡会弹出如图3-36所示的“调整”选项卡界面,可调整各尺寸要素之间的相对位置,让尺寸更加清晰、合理。

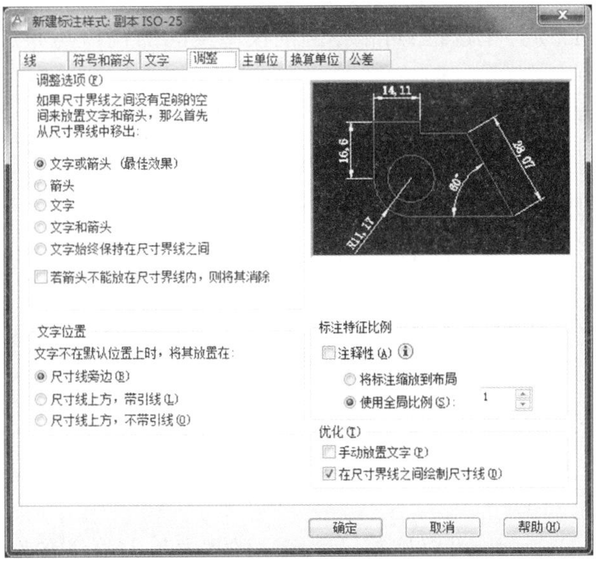


图3-36 “调整”选项卡

(1)“调整选项”选项组:在一般情况下,尺寸标注的文字和箭头都在两条尺寸界线之间。当尺寸界线之间的空间不足时,可通过对“调整选项”选项组的设置,适当调整尺寸的文字和箭头的位置。

如果选择“文字”选项,则当距离不足时,将文字移到尺寸界线之外;如果选择“文字和箭头”选项,则当距离不足时,系统会将文字与箭头都移动到尺寸界线之外,如图3-37所示。

(a)选择“文字”选项　　(b)选择“文字和箭头”选项

图3-37 “调整选项”选项组

一般情况下,采用系统的缺省设置,即选择“文字或箭头(最佳效果)”。

（2）“文字位置”选项组：在默认情况下尺寸标注的数值（文字）位置在两条尺寸界线之间。当标注文字无法放置在默认位置时，要适当调整其位置。可通过调整该选项组的有关选项来控制。

该选项组包括“尺寸线旁边”、“尺寸线上方，带引线（L）”、“尺寸线上方，不带引线（O）”三个选项。如图 3-38 所示。

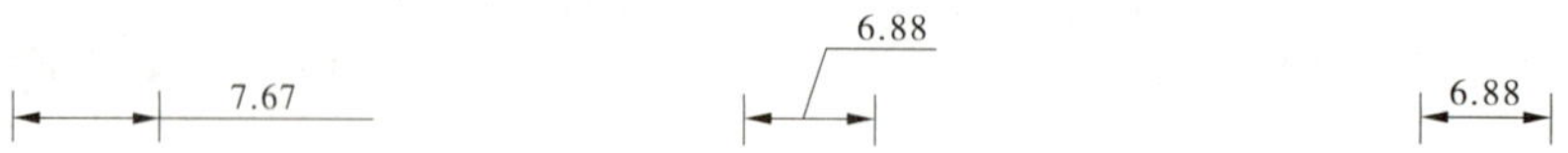


(a)尺寸线旁边　(b)尺寸线上方，带引线(L)　(c)尺寸线上方，不带引线(O)

**图 3-38　“文字位置”选项**

（3）“标注特征比例”选项组：用于控制尺寸标注外观大小。

“将标注缩放到布局”单选框：可根据当前模型空间的视口与布局空间的大小来确定比例因子。

“使用全局比例（S）”单选框：调整在模型空间的标注特征比例。

一般情况下，选择系统缺省设置，即“全局比例为 1”。

（4）“优化”选项组：用于控制尺寸标注的其他微调选项。

“手动放置文字”：勾选该复选框，标注时文字的位置将不固定，可以手动控制文字的放置位置。

“在尺寸界线之间绘制尺寸线”：勾选该复选框，则表明任何情况下尺寸线总在尺寸界线之间。

5.“主单位”选项卡

“主单位”选项卡界面如图 3-39 所示。该选项卡用于控制尺寸标注的单位、单位精度以及前后缀等变量。

（1）“线性标注”选项组：可以控制尺寸标注样式中与主单位有关的各种变量，其中创建符合建筑图尺寸标注要求的尺寸标注样式时应调整以下几个变量：

“单位格式”：在对应的下拉列表中可以设置标注单位格式，一般选择缺省值为小数。

“精度”：设置标注数值的小数位数。选择“0”，即尺寸标注数值精确到个位数。

“测量单位比例”中的“比例因子”选项：用于控制线性标注测量值的比例因子，系统将按照此处输入的数值来调整尺寸标注数值。如果将比例因子设为 10，测量值为 5，系统将标注为 50（由 5×10 而得）。该值不影响角度标注数值。

“消零”：选择“前导”，可以消除小数点前面的零。例如，“0.8”会变为“.8”。选择“后导”，可以消除小数点后面的零，如“3.50”会变为“3.5”。

（2）“角度标注”选项组：可以通过该选项区的设置来控制标注角度尺寸的单位、精度以及前导消零和后导消零。其中相关选项的功能如下：

“单位格式”下拉列表框：用于控制角度单位样式。

“精度”下拉列表框：用于控制角度标注的小数位数。

“消零”选项：用于控制是否输出前导消零和后导消零。

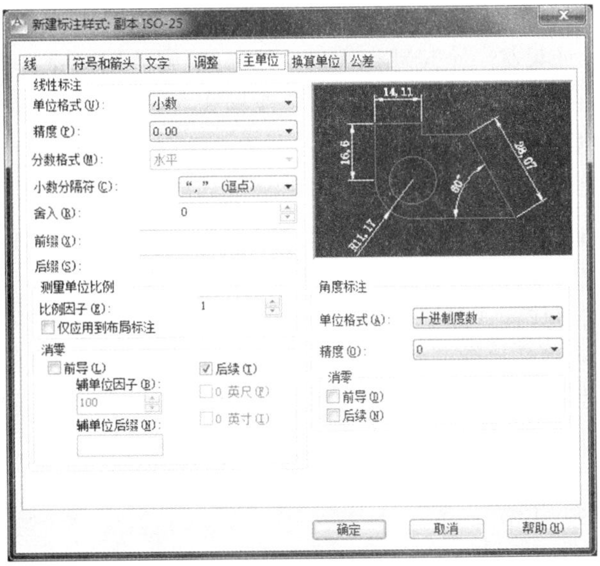


图 3-39 "主单位"选项卡

6."换算单位"选项卡

"换算单位"选项卡用于控制在图形当中是否同时显示同一尺寸的公制和英制尺寸。一般情况下采用其默认设置。

7."公差"选项卡

"公差"选项卡用于控制尺寸公差的相关内容,在机械行业中需进行设置,而在其他不涉及的行业,只采用缺省设置即可。

**(三)创建尺寸标注子样式**

创建尺寸标注子样式是指在进行工程图尺寸标注时,所设置的尺寸标注样式。如在建筑工程图中,标注角度、直径、半径等尺寸时,有时不符合要求,可通过在所创建全局样式的基础上,再创建若干个子样式来满足尺寸标注的需要。

如果在一个尺寸标注样式的基础上创建了若干子样式,则将基础样式称作全局样式。一个全局样式可拥有若干个子样式。需要说明的是,全局样式是一个适用于全局的尺寸标注样式,而子样式仅适用于某一种尺寸标注类型。当使用全局样式进行尺寸标注时,如果选择了某子样式的尺寸类型,则按子样式的设置进行标注,也就是说,尺寸标注依据"全局样式服从子样式"的原则。

**(四)修改与替代尺寸标注样式**

如上所述,有了合适的尺寸标注样式,标注尺寸就变得十分容易。但是,已创建的尺寸标注样式可能也存在一些问题。此时,需要对尺寸标注样式进行更改,主要采用修改与替代两种方法。

**(五)修改尺寸标注样式**

在修改尺寸标注样式时,首先调出"标注样式管理器"对话框,之后选择需要修改的样式,单击 **修改(M)**...按钮,弹出与"新建标注样式"对话框完全相同的"修改标注样式"对话框。对相关选项按需要进行修改后,单击"确定"按钮,即可完成对尺寸标注样式的修改。

值得注意的是，如果某一个尺寸标注样式被修改，则使用该样式标注的所有尺寸都会继承修改之后的尺寸标注样式特征，包括在修改样式之前标注的所有尺寸。

**（六）替代尺寸标注样式**

与修改尺寸标注样式类似，在替代尺寸标注样式时，仍然需调出“标注样式管理器”。选择需要替代的样式，单击 替代(O)... 按钮，打开“替代标注样式”对话框，对相关选项进行修改后，即可完成尺寸标注样式的替代。

值得注意的是，替代样式是原有样式的临时替代样式，在创建替代该样式之前所标注的尺寸对象仍然继承被替代之前的样式。只有创建替代样式之后用该样式标注的对象才会被改变过来。另外，某一个标注样式的替代样式也可以随时删除掉。此时，该样式恢复为原来的样式。因此，样式替代可以用于标注某些特殊尺寸。

## 八、编辑尺寸标注

编辑尺寸标注就是对已经标注的尺寸对象组成元素进行必要的修改，AutoCAD 提供了多种尺寸标注修改与编辑的方法。

**（一）利用命令编辑尺寸标注**

1. 编辑标注

编辑标注命令用于对尺寸的文字内容、文字角度以及尺寸界线等元素进行修改。可通过下述几种方法调出：

- 单击按钮法：（编辑标注——在“标注”工具栏中）；
- 键盘输入法：Dimedit（简捷命令为 Ded）↓。

**【例 3-12】** 对已经创建的如图 3-40(a)所示的标注进行编辑。

(a)原有标注　　(b)“旋转”选项效果

**图 3-40　编辑标注效果**

执行编辑标注命令，命令行提示如下：

命令：Dimedit ↓　　//在命令行输入 Dimedit 命令并回车；

输入标注编辑类型[默认(H)/新建(N)/旋转(R)/倾斜(O)]<默认>：R ↓

//在命令行输入 R 并回车；

指定标注文字的角度：15 ↓　//在命令行输入 15 并回车；

选择对象：　　//在图 3-40(a)中的尺寸位置单击鼠标左键并回车。

在此提示下可以多选尺寸对象，编辑效果如图 3-40(b)所示。值得注意的是，此命令可以一次编辑多个尺寸标注。

2. 编辑标注命令中相关选项的功能

(1)默认(H)：该选项用于将编辑过的尺寸对象恢复到默认位置和方向。

(2)新建(N)：该选项用于更新尺寸标注的文本。

(3)旋转(R)：该选项用于旋转所选择的尺寸文本。操作方法与前面所述相同。

(4)倾斜(O):该选项用于倾斜线性尺寸标注,将尺寸界线倾斜某一个角度。操作方法与前面所述相同。

**(二)编辑标注文字**

编辑标注文字命令主要用于调整文字的位置和倾斜角度等,可通过下述几种方法调出:

- 单击按钮法:(编辑标注文字——在“标注”工具栏中);
- 下拉菜单法:标注→对齐文字;
- 键盘输入法:Dimtedit↓。

**【例3-13】** 以图3-41(a)为例,说明编辑标注文字命令的操作方法。

执行编辑标注文字命令,命令行提示如下:

命令:Dimtedit ↓//在命令行输入 Dimtedit 命令并回车;

选择标注:　　//在图3-41(a)中的尺寸标注处单击鼠标左键;

指定标注文字的新位置或[左(L)/右(R)/中心(C)/默认(H)/角度(A)]:

　　//将光标移动至如图3-41(b)所示的位置,单击鼠标左键。

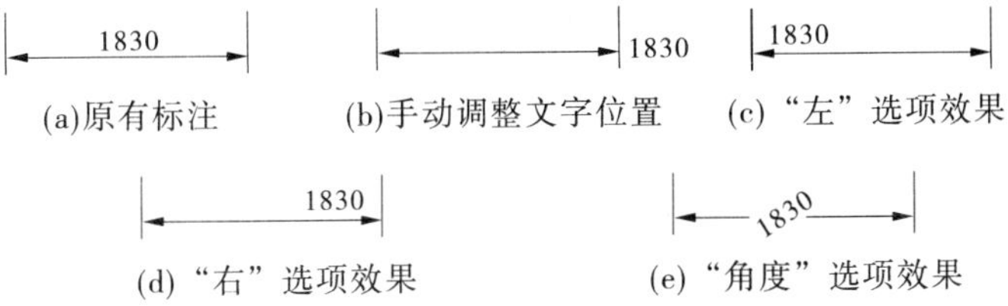


(a)原有标注　(b)手动调整文字位置　(c)“左”选项效果

(d)“右”选项效果　(e)“角度”选项效果

**图3-41　编辑标注文字命令效果**

编辑标注文字命令中相关选项的功能如下:

(1)左(L):用于将标注文字放在尺寸线的左端,如图3-41(c)所示。

(2)右(P):用于将标注文字放在尺寸线的右端,如图3-41(d)所示。

(3)中心(C):用于将标注文字放在尺寸线的中心位置上。

(4)默认(H):用于将编辑过的尺寸标注恢复到默认状态。

(5)角度(A):用于倾斜尺寸文字。图3-41(e)为将文字旋转45°的效果。

**(三)标注更新**

标注更新命令用于将所选尺寸对象的标注样式更改为当前标注样式,可通过下述几种方法调出:

- 单击按钮法:(标注更新——在“标注”工具栏中);
- 下拉菜单法:标注→更新。

在更新尺寸标注对象的样式之前,应当首先将所需的标注样式置为当前,执行命令后再选择需要更新的尺寸标注对象(可以选择多个),回车结束命令,即可将所选尺寸标注样式更新为当前尺寸标注样式。

## 九、利用特性窗口编辑尺寸标注

如前所述,特性窗口是一个应用范围非常广泛的编辑工具,利用此工具同样可以编辑或修改尺寸标注。在选择某个已存在的尺寸标注对象后，再激活特性命令（可在标准工具栏中单击按钮），便可在“特性”对话框中对尺寸标注进行各种更改。

### 十、为已标注对象更改尺寸标注样式

在标注尺寸时，应当首先把所需要的尺寸标注样式置为当前。初学者常常会忽略这一点，导致用错尺寸标注样式，此时，不需要将已标注尺寸删除再重新标注，只需更改尺寸标注对象的标注样式即可。

另外，利用“标准”工具栏中的特性匹配命令（）也可以为尺寸标注更改标注样式。

## 第四节　文字标注及表格绘制

在工程图中，文字和表格不可缺少，如技术要求、工艺流程、明细表和门窗表等。AutoCAD中提供了单行文字和多行文字两种文字输入方法和表格绘制及编辑的功能。下面针对工程图中经常涉及的功能进行介绍。

### 一、文字样式的设置方法

在 AutoCAD 中，可使用的字体分为两种：一种是 Windows 提供的 TrueType 字体，即 TTF 字体；另一种是 AutoCAD 特有的字体，其扩展名为. shx，这类字体最大的特点在于占用系统空间小。

由于工程制图标准中对文字标注有一定要求，所以利用 AutoCAD 在工程图中标注文字之前，应先设置需要的文字样式。

**（一）设置方法**

创建、修改或设置文字样式可通过“文字样式”对话框来实现。可通过下述几种方法调出该对话框：

- 单击按钮法：（文字样式——在“样式”工具栏中）；
- 下拉菜单法：格式→文字样式…；
- 键盘输入法：Style（简捷命令为 St）↓。

执行该命令后，弹出如图 3-42 所示的“文字样式”对话框。

**（二）对话框说明**

“文字样式”对话框中包括样式、字体、大小和效果四个选项组，“置为当前”、“新建”、“删除”等三个按钮。

### 二、新建文字样式的方法

单击“新建”按钮，即可打开“新建文字样式”对话框，在该对话框中可以输入新文字样式的名称，确定后就可以在“样式”列表中看到新建的样式名称，然后就可以设定字体、大小和效果了。

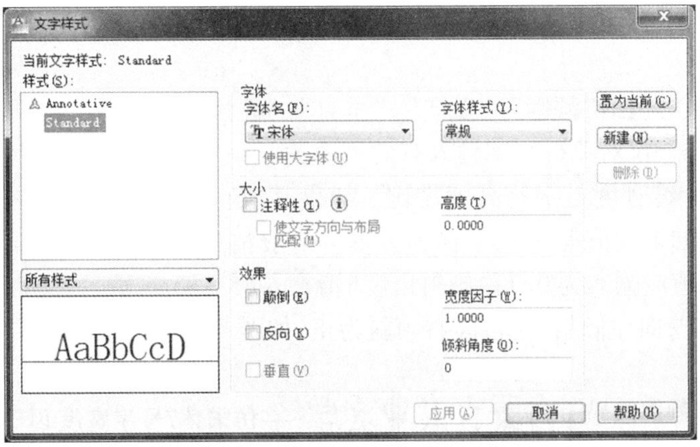


图 3-42　“文字样式”对话框

## （一）字体

在“字体名”下拉列表中列出了可以调用的字体，包括 TrueType 类型（字体名称前有 T 标志）的字体和 . shx 字体。

如果选中☑使用大字体(U)复选框，“字体名”将变为“. shx 字体”下拉列表，在此下拉列表中只显示“. shx”类型字体。

利用“字体样式”下拉列表可设置字体的样式。“字体名”下拉列表框中选择“. shx”类型字体，并且选中☑使用大字体(U)复选框，则“大字体”下拉列表框有效，利用该列表框可设置大字体，如 gbcbig. shx 代表简体中文字体，chineset. shx 代表繁体中文字体，bigfont. txt 代表日文字体等。随字体选择的不同，下拉列表的内容也不同，如图 3-43 所示。

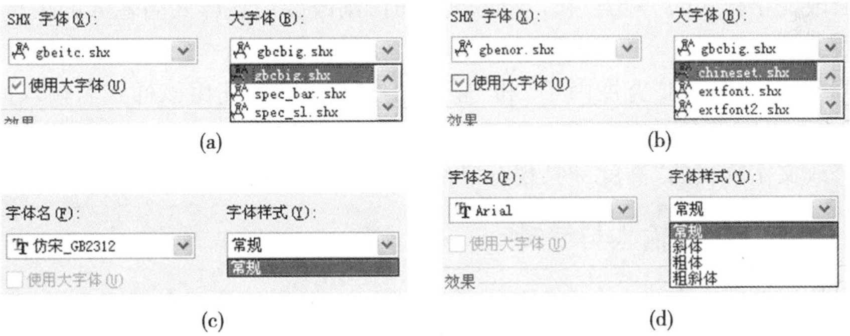


图 3-43　不同字体下的不同下拉列表内容

## （二）大小

大小选项中“高度”用于设置文字的高度。其设置为 0，则在输入文本时会提示指定文本高度。如果输入大于 0 的高度值，则成为该样式设置的固定文字高度。在相同的高度设置下，TrueType 字体显示的高度要小于. shx 字体。如果希望将该文本样式用作尺寸文本样式，则高度值必须设置为 0，否则在设置尺寸文本样式时所设的文本高度将不起作用。

选择“注释性”复选框，则用户可以自动完成缩放注释的过程，从而使注释能够以正确的大小在图纸上打印或显示。

**(三)效果**

效果选项组中包括“颠倒”、“反向”、“垂直”、“宽度因子”和“倾斜角度”5 项。其中,“颠倒”和“反向”仅对单行文字输入有效;“垂直”只有选择了.shx 字体文件时才可用;“宽度因子”为字符宽度与字符高度之比。如果其值小于 1,则字符变窄;如果其值大于 1,则字符变宽;如果其值等于 1,字体为方形。一般情况下,国家标准规定的长仿宋体汉字,该宽度因子值应输入为 0.7;“倾斜角度”值在 -85 ~ 85 选取。在 XY 平面内,与 Y 轴平行的位置为 0°,向左倾斜为负,向右倾斜为正,如图 3-44 所示。

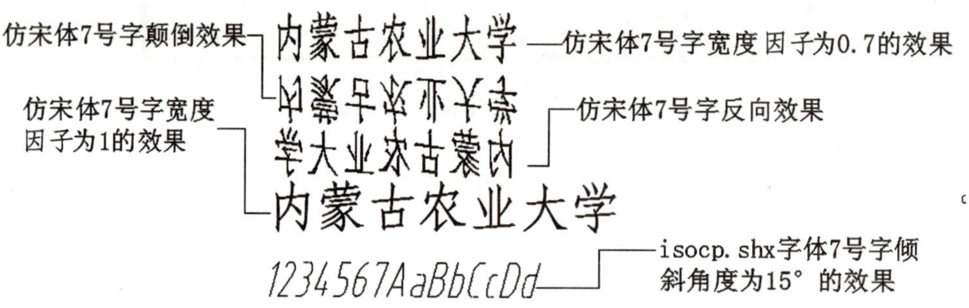


**图 3-44 文字的字体及效果**

修改文字样式的操作方法与设置文字样式一样,在修改完成后,单击“文字样式”对话框中的[应用(A)]按钮便修改生效。此时 AutoCAD 立即更新图样中与此文字样式关联的文字。

当修改文字样式的“颠倒”和“反向”特性时,则改变用该样式名输入的单行文字,对多行文字无效。

当修改文字样式的“宽度因子”和“倾斜角度”时,则改变用该样式名输入的多行文字,但对单行文字没有影响。

当修改文字样式的“高度”时,现有单行文字和多行文字均不受影响。

## 三、单行文字的输入与编辑

可以使用单行文字输入命令创建一行或多行文字,通过按回车键或在所需位置单击鼠标左键来结束每一行。每行文字都是独立的对象,可以重新定位、调整格式或进行其他修改。

**(一)输入单行文字**

1. 操作方法

调用单行文字输入命令,可通过下述几种方法:

- 单击按钮法:AI(单行文字——在“文字”工具栏中);
- 下拉菜单法:绘图→文字→单行文字;
- 键盘输入法:Text(简捷命令为 Dt)↓。

2. 操作说明

执行单行文字输入命令后,命令行提示如下:

当前文字样式:Standard 当前文字高度:2.5000

指定文字的起点或[对正(J)/样式(S)]:

指定高度 <2.5000>:

指定文字的旋转角度 <0>:

在系统提示下,可执行如下操作:

(1)指定文字的起点:用定点设备设置文字的起始点。

(2)输入"J":设定文字的对正样式。

输入(J)选项后,命令行提示如下:

输入选项

[对齐(A)/调整(F)/中心(C)/中间(M)/右(R)/左上(TL)/中上(TC)/右上(TR)/左中(ML)/正中(MC)/右中(MR)/左下(BL)/中下(BC)/右下(BR)]:

//根据需要选择不同选项

单行文字输入命令中相关选项的功能如下:

①对齐(A):指定文字基线上两点,将文字嵌入两点之间。系统调整字体高度进行镶嵌,文字的宽高比不变,如图3-45(a)所示。

②调整(F):指定文字基线上两点和字符高度,将文字嵌入两点之间。系统调整字体宽度进行镶嵌,文字的高度不变,如图3-45(b)所示。

③中心(C)/中间(M)/右(R)/左上(TL)/中上(TC)/右上(TR)/左中(ML)/正中(MC)/右中(MR)/左下(BL)/中下(BC)/右下(BR):具体效果如图3-45(c)所示。

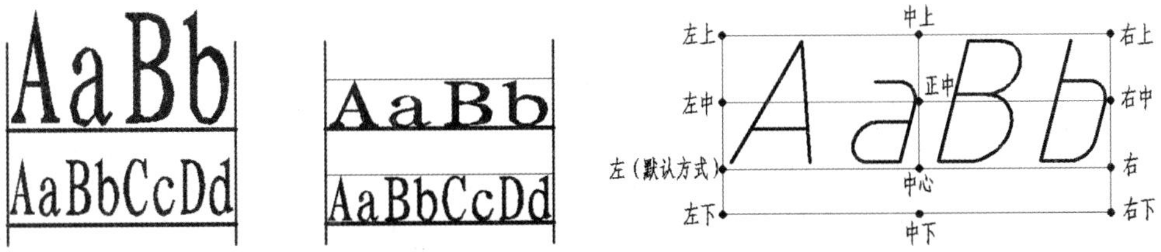


(a)"对齐"方式　(b)"调整"方式　(c)其他对正方式

图3-45　文字的对正方式

(3)输入"S":指定当前文字的样式。输入"?"可以在文本框中显示所设置的文字样式。

(二)编辑单行文字

调用单行文字编辑命令,可通过下述几种方法:

- 单击按钮法:(编辑、比例、对正——在"文字"工具栏中);
- 下拉菜单法:修改→对象→文字;
- 利用"特性"选项板:(对象特性——在"标准"工具栏中);
- 双击文字法:双击要编辑的文字。

在上述方法中,利用“特性”选项板可以修改文字的内容、样式、对齐方式、高度、宽度因子、倾斜角度以及是否颠倒、反向等信息。其他方法主要修改文字的内容、对齐方式、高度等信息。

## 四、多行文字的输入与编辑

在工程图样中,对于设计说明、技术要求等文字较多且段落格式复杂的文字,一般采用多行文字输入法。相对于单行文字,多行文字有“多行文字在位编辑器”,因此具有更强的可编辑性。

### (一)输入多行文字

1. 操作方法

调用多行文字输入命令,可通过下述几种方法:

- 单击按钮法:A(多行文字——在“文字”工具栏中);
- 下拉菜单法:绘图→文字→多行文字;
- 键盘输入法:Mtext(简捷命令为 Mt)↓。

2. 操作说明

执行多行文字输入命令后,命令行提示如下:

当前文字样式:“Standard”当前文字高度:2.5

指定第一角点:

指定对角点或[高度(H)/对正(J)/行距(L)/旋转(R)/样式(S)/宽度(W)]:

多行文字输入命令中相关选项的功能如下:

(1)指定第一角点和指定对角点:指定文字边框的两个角点。文字边框用于定义多行文字对象中段落的宽度。

(2)[高度(H)/对正(J)/行距(L)/旋转(R)/样式(S)/宽度(W)]:

高度(H):改变当前字体高度。

对正(J):选择对正方式。根据文字边界,确定文字的对齐和溢出方向。对正选项为“左上(TL)/中上(TC)/右上(TR)/左中(ML)/正中(MC)/右中(MR)/左下(BL)/中下(BC)/右下(BR)”,默认为左上(TL)。

行距(L):指定多行文字对象的行距。行距是上一行文字的底部与下一行文字的底部之间的垂直距离。行距类型为“至少(A)/精确(E)”。

旋转(R):指定文字边界的旋转角度。

样式(S):指定用于多行文字的文字样式。输入“?”可以在文本框中显示所设置的文字样式。

宽度(W):指定文字边界的宽度。

(3)“多行文字在位编辑器”说明。当指定了对角点之后,弹出如图 3-46 所示的“多行文字在位编辑器”,即可输入文字并进行文字格式的设置。其中的许多功能与 Microsoft Office Word 中的功能一样。以下对编辑器中的部分功能进行说明。

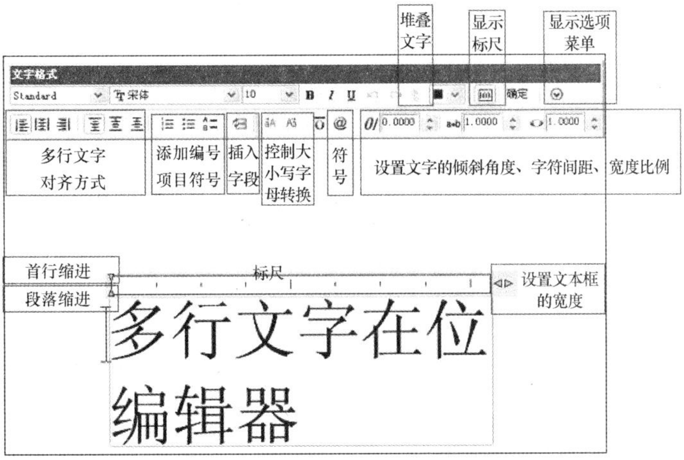


**图 3-46　多行文字在位编辑器**

①堆叠文字。单击 工具，可以将所选文字创建为堆叠文字。需要注意，堆叠文字之间使用“/”、“#”或“^”分隔开来。例如，首先输入“50/100”、“30#100”和“80 +0.01^ -0.02”，然后选中这些文字并单击 工具，其最终效果如图 3-47 所示。

②选项菜单。选项菜单用来控制“文字格式”工具栏的显示并提供了其他编辑选项，如图 3-48 所示。

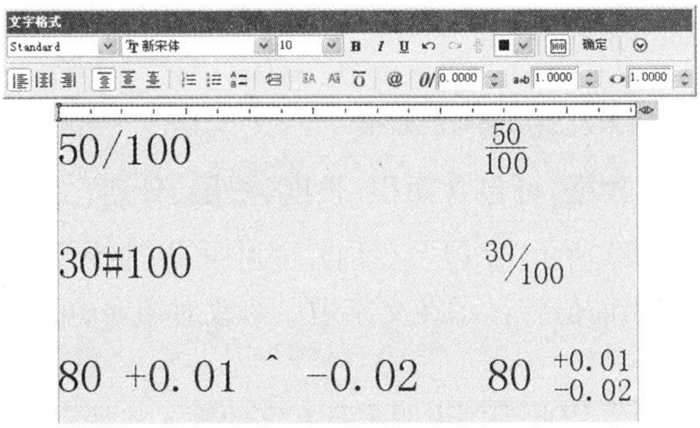


**图 3-47　利用堆叠方法的效果**

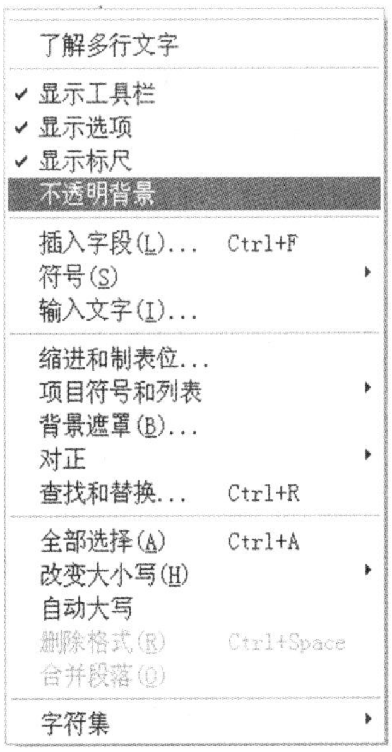


**图 3-48　选项菜单**

③多行文字对齐方式。设置左右文字边界和顶部、底部文字边界的对正和对齐方式。“左上”选项是默认设置。如图 3-49 所示为调整对齐方式的效果及添加编号的效果。

④添加编号、项目符号。给文本添加各种编号。

左对齐和中央对齐方式

说明

1.图中高程以m计，其他尺寸以mm计。
2.钢筋混凝土保护厚度：底层50，面层40，其余20。
3.浆砌石砂浆标号M10。

居中对齐和中央对齐方式

说明

1.图中高程以m计，其他尺寸以mm计。
2.钢筋混凝土保护厚度：底层50，面层40，其余20。
3.浆砌石砂浆标号M10。

右对齐和中央对齐方式

说明

1.图中高程以m计，其他尺寸以mm计。
2.钢筋混凝土保护厚度：底层50，面层40，其余20。
3.浆砌石砂浆标号M10。

说明

1.图中高程以m计，其他尺寸以mm计。
2.钢筋混凝土保护厚度：底层50，面层40，其余20。
3.浆砌石砂浆标号M10。

说明

· 图中高程以m计，其他尺寸以mm计。
· 钢筋混凝土保护厚度：底层50，面层40，其余20。
· 浆砌石砂浆标号M10。

说明

A.图中高程以m计，其他尺寸以mm计。
B.钢筋混凝土保护厚度：底层50，面层40，其余20。
C.浆砌石砂浆标号M10。

**图 3-49　调整对齐方式的效果及添加编号的效果**

⑤字段。用于在文字对象内显示可更改的数据，可包含面积、长度、图层、日期、文件名等各种信息。单击按钮，可以显示如图 3-50 所示“字段”对话框，从中可以选择要插入到文字中的字段。关闭该对话框后，字段的当前值将显示在文字中。修改对象时，可以利用“工具”→“更新字段”来显示最新数据。

**【例 3-14】**　创建一个显示多边形面积的字段，以此为例说明多行文字的输入与编辑。

操作步骤如下：

步骤 1：绘制图 3-51(a)，并在图中用多行文字输入法添加文字“多边形面积 =”。

步骤 2：在“ =”后单击“文字格式”工具栏中按钮，出现如图 3-50 所示的“字段”对话框。

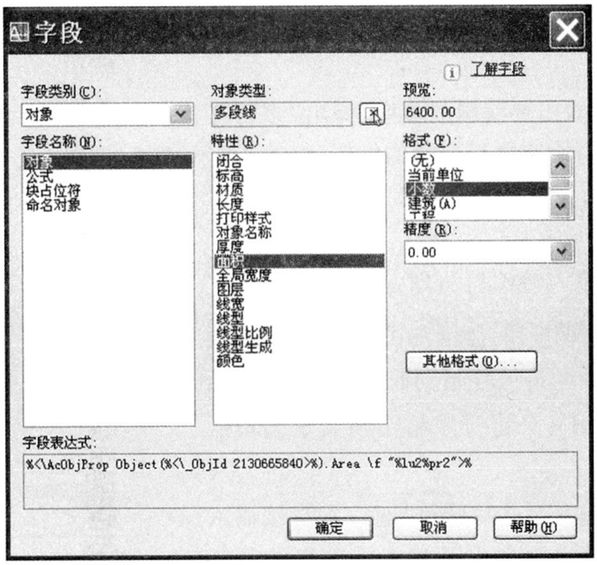


图 3-50 “字段”对话框

步骤3:在“字段类型”下拉框中选择“对象”,并利用“对象类型”后面的按钮拾取图3-51(a)。

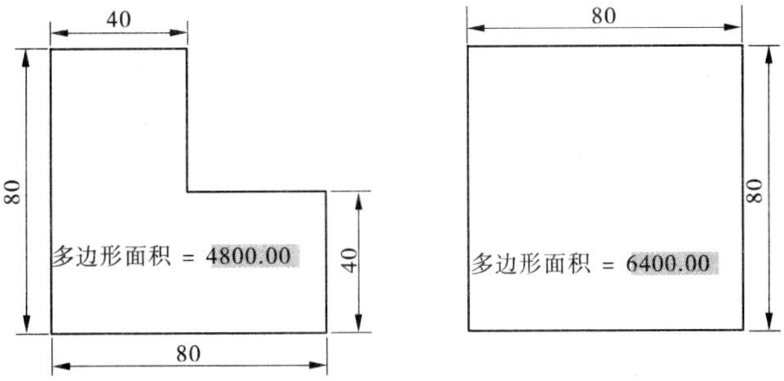


(a)源对象　　(b)对象更改后

图 3-51 关于字段的应用

步骤4:在特性列表框中选择“面积”,并选择其格式和精度值。

步骤5:单击“确定”按钮关闭对话框,即可以看到图3-51(a)所示加了底纹的面积值。

步骤6:利用修改命令,将图3-51(a)变成图3-51(b)所示形状,此时面积值未发生变化。

步骤7:利用“工具”→“更新字段”可显示当前值。

### (二)编辑多行文字

编辑多行文字,与编辑单行文字类似,可通过下述几种方法:

- 单击按钮法: (编辑、比例、对正——在“文字”工具栏中);
- 下拉菜单法:修改→对象→文字;

• 利用“特性”选项板：（对象特性——在“标准”工具栏中）；

• 双击文字法：双击要编辑的文字，弹出“多行文字在位编辑器”，可对文字进行灵活的编辑、修改。

## 五、特殊符号的输入

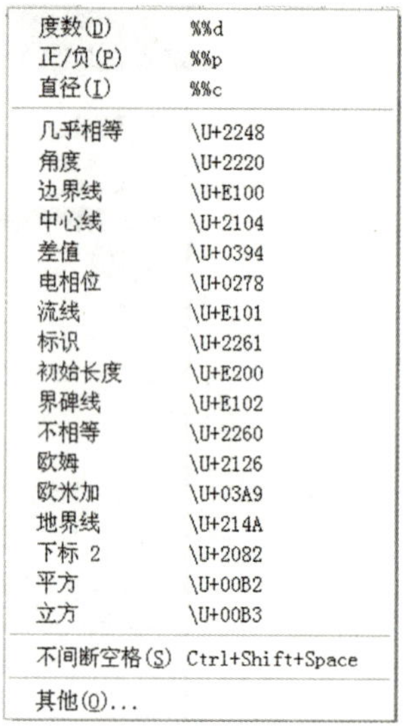


**图 3-52 符号菜单**

在多行文字中输入特殊符号时，可直接单击“文字格式”工具栏中的@按钮，激活如图 3-52 所示的菜单进行选择。将选中的符号复制到剪贴板，关闭对话框后，利用快捷键 Ctrl + V 将符号粘贴到文字编辑区即可。

在单行文字中输入某些特殊符号时，可直接输入这些符号的代码。表 3-1 列出了常用特殊字符及其代码。例如，输入“45%%D”，可得到“45°”；输入“%%UAutoCAD%%U2012”，可得到“<u>AutoCAD 2012</u>”。

**表 3-1 常用特殊字符及其代码**

| 输入代码 | 对应字符 | 输入代码 | 对应字符 |
|---|---|---|---|
| %%C | 直径符号(ϕ) | %%O | 上画线(成对出现) |
| %%P | 正/负符号(±) | %%U | 下画线(成对出现) |
| %%D | 度数符号(°) | | |

## 六、绘制表格

### （一）操作方法

创建表格通过“插入表格”对话框来实现，可通过下述几种方法调出该对话框：

• 单击按钮法：（表格——在“绘图”工具栏中）；

• 下拉菜单法：绘图→表格…；

• 键盘输入法：Table（简捷命令为 Tb）↓。

执行表格命令后，弹出如图 3-53 所示的“插入表格”对话框。

### （二）对话框说明

“插入表格”对话框中，包括表格样式、插入方式、列和行设置等选项组，可输入创建表格必需的信息。

*1. 表格样式*

在表格样式选项组中，可以选择表格的样式或单击右侧按钮，打开“表格样式”设置对话框，进行新表格样式的设置。在下面的预览框中可以看到该样式的效果。

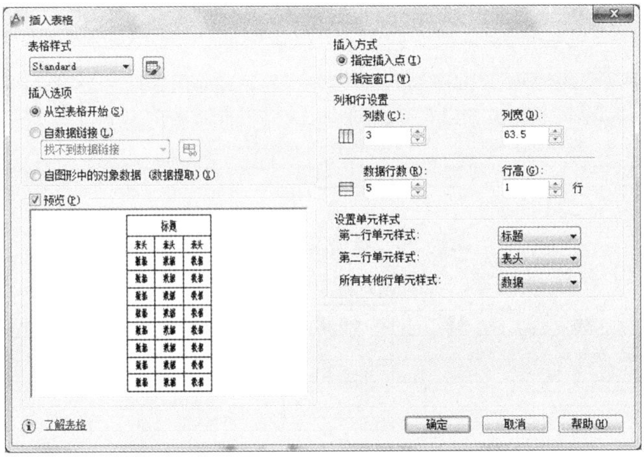


图 3-53 “插入表格”对话框

2. 插入方式

插入方式包括指定插入点和指定窗口两种，其含义如下。

(1)指定插入点：指定表格左上角的位置。若表格方向为“上”，则其位于表格左下角。

(2)指定窗口：用窗口的形式指定表格的大小和位置。

3. 列和行设置

列和行设置用于设置列和行的数目及大小。

(1)数据行：除标题行和页眉行外的数据行数目。带有标题行和页眉行的表格最少应有 3 行。

(2)行高：按照文字行高指定表格的行高。文字行高基于文字高度和单元边距，这两项均在表格样式中设置。

注意：当插入方式选择了“指定窗口”时，列或行的数目和大小只能设置一项，另外一项则变为“自动”，它将受表格整体大小的限制。

**(三)创建表格并输入内容**

1. 创建表格

在“插入表格”对话框的“表格样式名称”中，选择“钢筋表”样式名；“插入方式”为“指定插入点”；“列和行设置”为：列 7，列宽 50，数据行 5，行高 1 行。单击 确定 按钮，在选定位置单击插入表格，系统自动进入表格文字编辑状态，如图 3-54 所示。单元编号为“列号＋行号”，其中列号为 A、B、C、D 等；行号为 1、2、3 等，如图 3-54 所示，光标所在的单元编号为 A1。按 Tab 键可切换到同一行的下一个表格单元；按 Enter 键可切换到同一列的下一个表格单元；按“↑”、“↓”、“←”和“→”键可在各表单元之间切换。如上操作，创建图 3-55。

2. 在表格中使用块和公式

1)在表格中使用块

通过在表格中插入块，可以大大简化绘图，并可以实现制图标准化。在图 3-55 中以填写规格和简图为例，具体操作步骤如下：

步骤 1：创建图块。

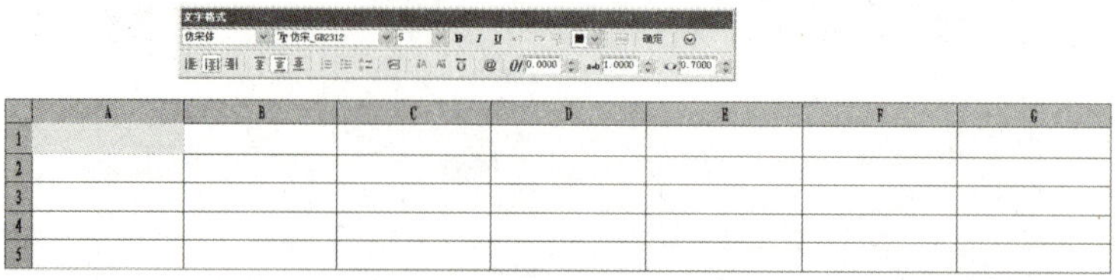

图 3-54　表格文字编辑状态

钢筋表

| 编号 | 规格 | 简图 | 单根长度/mm | 根数 | 总长/m | 重量/kg |
|---|---|---|---|---|---|---|
| | | | | | | |
| | | | | | | |
| | | | | | | |
| | | | | | | |

图 3-55　绘制的钢筋表

利用定义图块的方法，将绘制好的对象创建成块，如图 3-56 中的钢筋种类符号和简图。

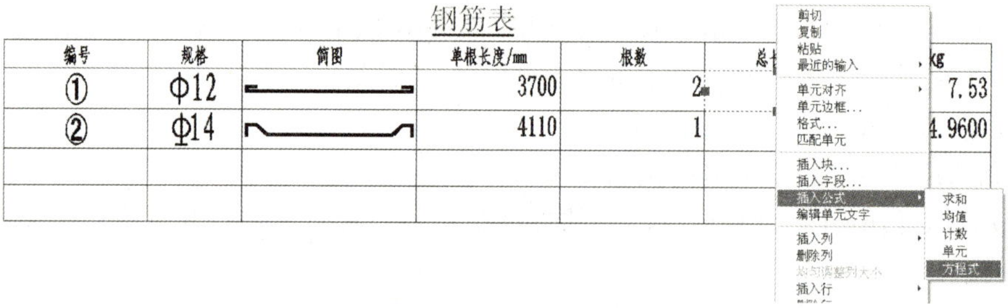


图 3-56　执行方程式操作

步骤 2：插入图块。

单击选中表格单元 C2，单击右键，从弹出的快捷菜单中选择“插入块”命令。如图 3-57 所示，出现“在表格单元中插入块”对话框，选择要插入的块名并调整“特性”选项组中“单元对齐”为正中，点击 确定 按钮后，块就被插入到单元格中，如图 3-56 所示。

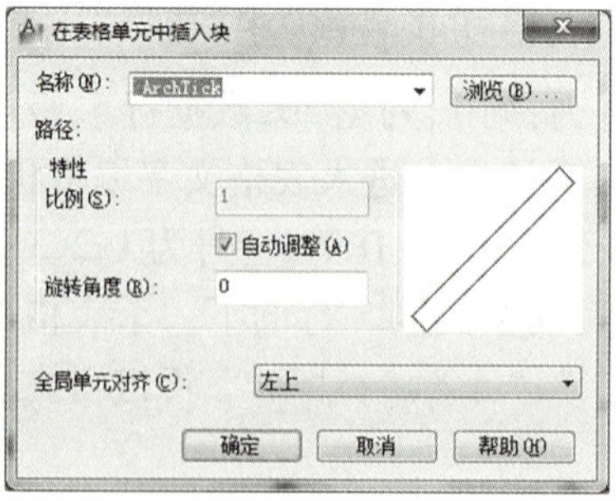


图 3-57　“在表格单元中插入块”对话框

2）在表格中使用公式

通过在表格中插入公式，可以对表格单元执行求和、均值、方程式等各种运算。此功能与 Microsoft Office Excel 中的功能类似。例如在图 3-58 中，填入单根钢筋的长度和根数后，可通过公式计算出钢筋的总长。具体步骤如下：

步骤 1：插入方程。

单击选中表格单元 F2，单击右键，从弹出的快捷菜单中选择“插入公式”→“方程式”命令。

步骤 2：输入方程式。

在出现的等号后面输入计算式“ = D2 ∗ E2/1000”，如图 3-58 所示。输入完毕，单击“文字格式”工具栏中的

按钮，显示计算结果如图 3-59 所示。

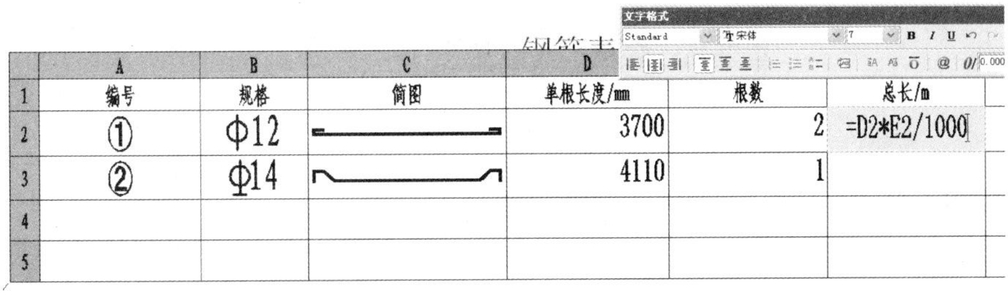


图 3-58　输入计算式

钢筋表

| 编号 | 规格 | 简图 | 单根长度/mm | 根数 | 总长/m | 重量/kg |
|---|---|---|---|---|---|---|
| ① | Φ12 |  | 3700 | 2 | 7.40 | 7.53 |
| ② | Φ14 |  | 4110 | 1 | 4.11 | 4.96 |
|  |  |  |  |  |  |  |
|  |  |  |  |  |  |  |

图 3-59　显示计算结果

## 七、编辑表格

创建表格后，用户不但可以向表格中添加文字、块、字段和公式，还可以对表格进行灵活的编辑，如修改内容或格式、插入或删除行或列、合并表单元等编辑操作。

### （一）编辑表格内容

（1）编辑表格内容：只需在要编辑的内容上双击，进入相应的编辑状态进行编辑。

（2）调整表格内容的对齐方式：选择要调整的表单元或表单元区域，然后单击鼠标右键，从弹出的快捷菜单中选择“单元对齐”菜单中的相应选项。

（3）改变表格内容的格式：选择要调整的表单元或表单元区域，然后单击鼠标右键，从弹出的快捷菜单中选择“格式…”命令，会弹出如图 3-60 所示的对话框界面，选择合适的数据类型即可。对于具有同样数据类型的数值，还可以利用匹配单元命令将特性复制到图形中的其他表格单元中。

（4）要删除表单元中的内容，可首先选中表单元，然后按 Delete 键。

### （二）编辑表和表单元

1. 选择表和表单元

（1）选择整个表：直接点击表线或利用窗口选择整个表格。表格被选中后，表格框线

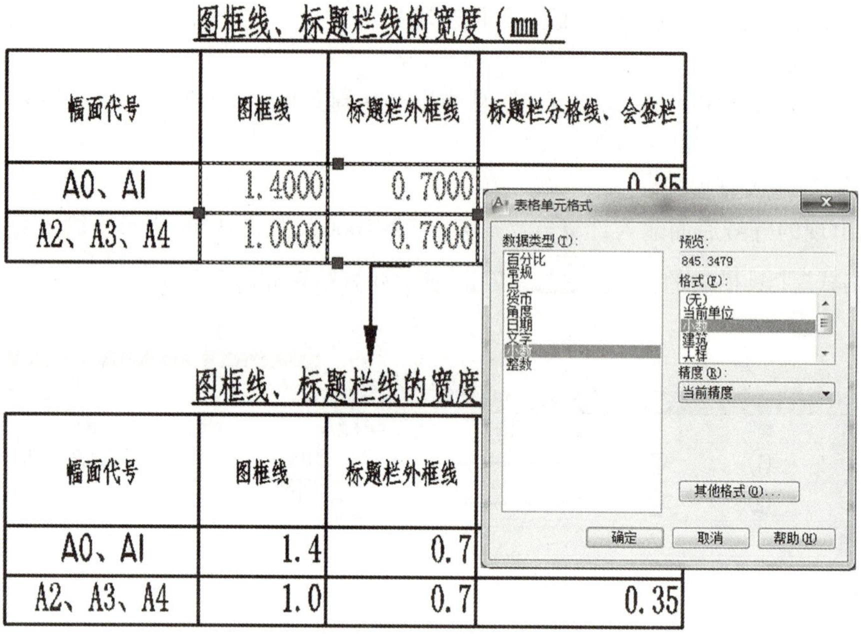


图 3-60　改变表内容格式的方法

将显示为断续线，并显示了一组夹点，如图 3-61(a)所示。

(2)选择表单元：直接在该表单元中单击，此时将在所选表单元四周显示夹点，如图 3-61(b)所示。

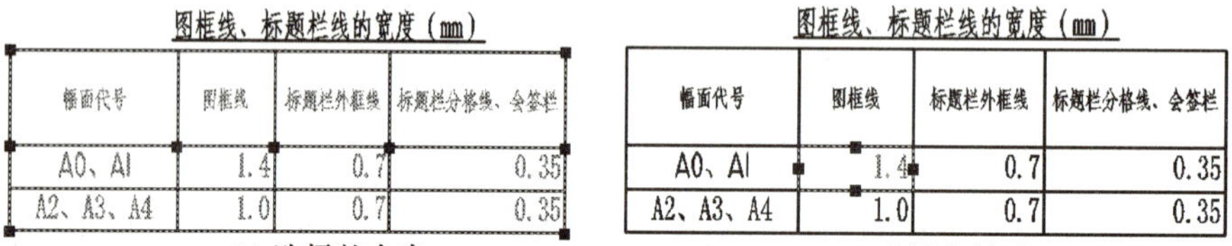


(a) 选择整个表　　(b) 选择表单元

图 3-61　选择表和表单元

(3)选择表单元区域：首先在表单元区域的某角点所在的表单元中单击，然后向表单元区域的对角点所在的表单元中拖动，如图 3-62(a)、(b)所示。

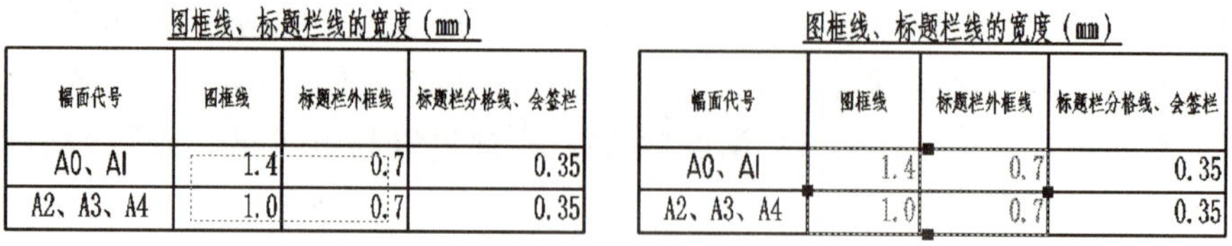


(a) 拖动鼠标并拉出窗口　　(b) 选择表单元区域

图 3-62　选择表单元区域

(4)要取消表和表单元选择状态,可按 Esc 键。

2. 调整表格的行高和列宽

在选中表格、表单元或表单元区域后,通过拖动不同夹点可移动表格的位置,或者调整表格的行高与列宽。

要想使表格所有的行或列都具有相同的行高与列宽,可在选中表格后点击鼠标右键,然后从弹出的快捷菜单中选择"均匀调整列大小"或"均匀调整行大小",如图 3-63 所示。

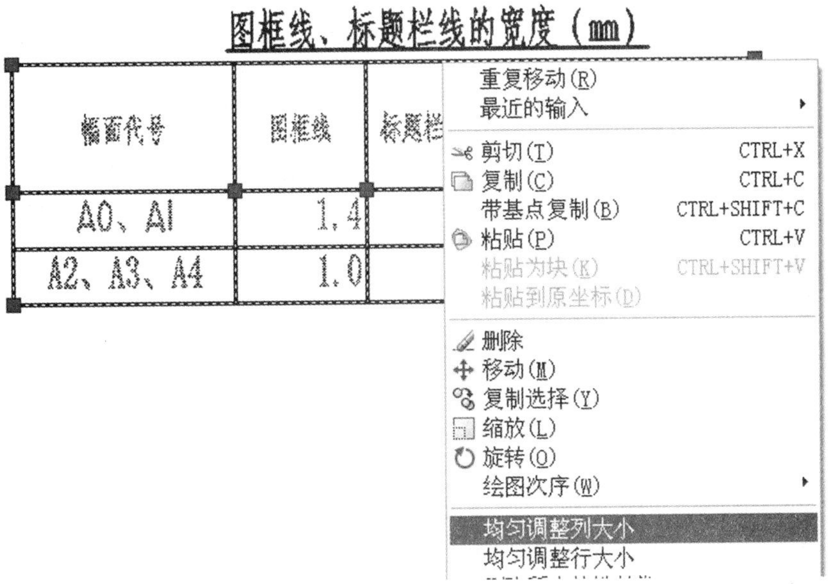


图 3-63　均匀调整行高和列宽

3. 插入、删除行和列

在表中插入行或列时,可首先选中表单元,然后单击鼠标右键,从弹出的快捷菜单中选择"插入行"→"上方"或"下方",如图 3-64(a)所示为在选定单元格上方插入行的效果;或者"插入列"→"右"或"左",如图 3-64(b)所示为在选定单元格右侧插入列的效果。

在表中删除行或列时,首先选中要删除的行或列所在的表单元或区域,然后单击鼠标右键,从弹出的快捷菜单中选择"删除行"或"删除列"即可。

4. 表格单元的合并和取消合并

要想合并表单元,可首先选中这些表单元,然后单击鼠标右键,从弹出的快捷菜单中选择"合并单元"→"全部"、"按行"或"按列",如图 3-65 所示。

合并表单元后,如果想取消合并,可首先单击选择合并的表单元,然后单击鼠标右键,从弹出的快捷菜单中选择"取消合并单元"。

5. 调整表格边框

要调整表格边框,可首先选中要调整边框的表单元区域,然后单击鼠标右键,从弹出的快捷菜单中选择"单元边框",并在打开的"单元边框特性"对话框中进行相应的设置,如图 3-66 所示。

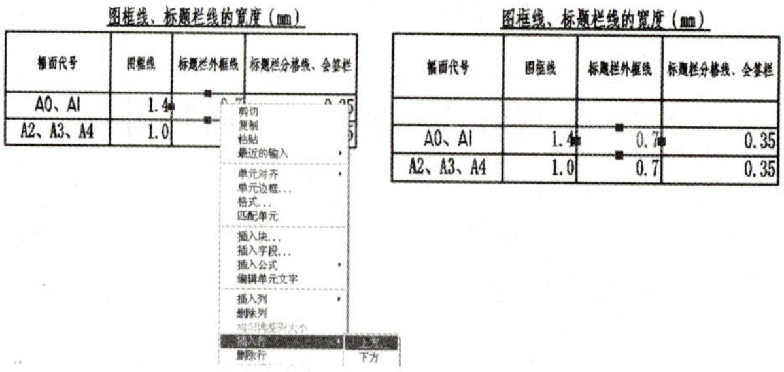


(a) 在选定单元格上方插入行的效果

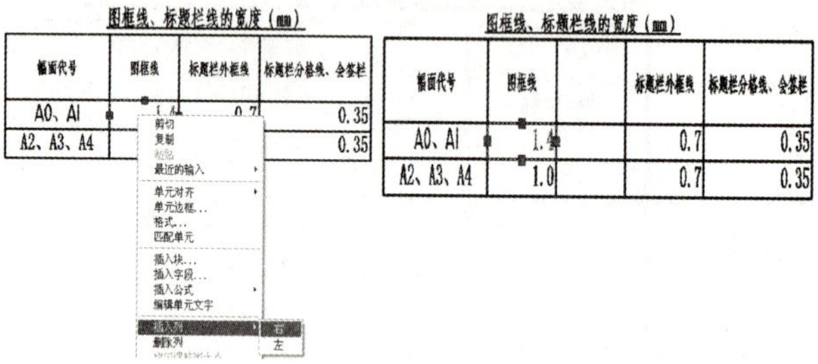


(b) 在选定单元格右侧插入列的效果

图 3-64　插入行与列

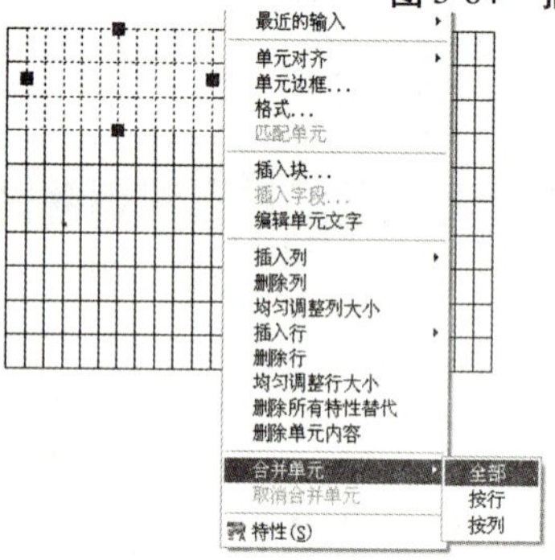


(a) 合并单元

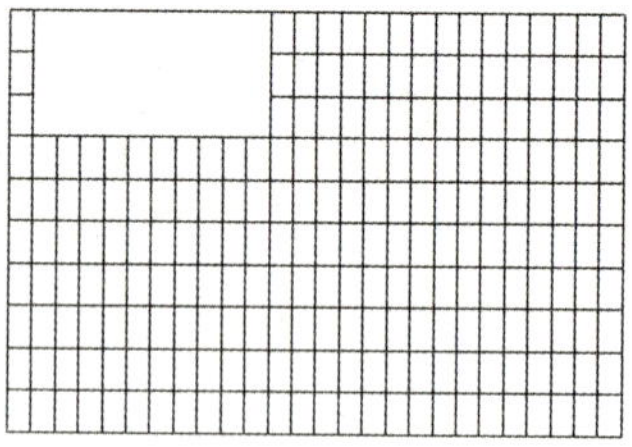

(b) 全部合并

图 3-65　将选定单元格全部合并

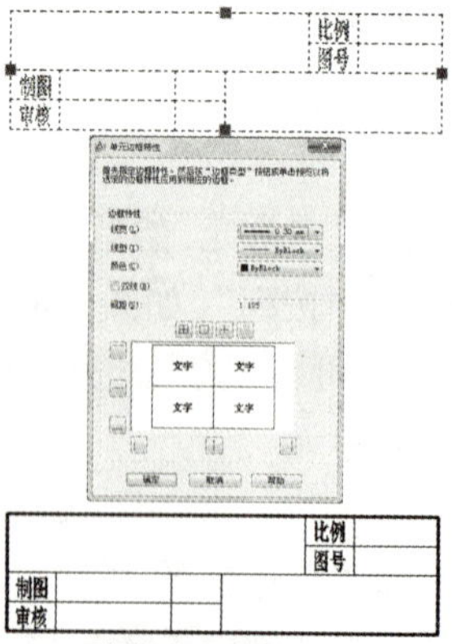


调整表单元外边框的效果

图 3-66　调整表单元的边框宽度

# 第四章　建立工程样板文件

在 AutoCAD 2012 中默认安装了多个标准的样图模板，如 acad. dwt、acadiso. dwt 等图形文件，一般存放在安装盘的“Program Files\AutoCAD2012\Template”文件夹中。由于使用习惯，以及采用的国家标准不同等，用户也可以自己定义模板。

## 第一节　创建样板文件

样板文件所包含的内容主要有图形边界、绘图单位、尺寸标注、文字样式及各种命令参数初值等。下面以 A3 样板图为例，介绍如何创建样板文件。

使用 AutoCAD 绘制样板图时，必须遵守如下准则：严格遵守国家标准的有关规定；使用标准的绘图单位和精度；设置适当图形界限，以便合理利用图纸；按标准的图纸尺寸打印图形等。

### 一、设置图形界限

执行图形界限命令，并设置绘图界限左下角的坐标 <0. 0000，0. 0000 > 和右上角的坐标 <420. 0000，297. 0000 >。执行“视图→缩放→全部”命令，使设定的绘图界限全部显示在绘图区域内。

### 二、设置绘图单位和精度

设置绘图单位和精度可通过“图形单位”对话框来实现，在“长度”选项区的“类型”下拉列表框中选择“小数”选项，设置“精度”为 0；在“角度”选项区的“类型”下拉列表框中选择“十进制度数”选项，设置“精度”为 0；系统默认逆时针方向为正，基准角度采用默认设置。

### 三、设置图层

在“图层特性管理器”对话框中，按照图 4-1 所示要求创建各图层。

### 四、设置文字样式

参照表 4-1 设置符合我国国家标准的文字样式。

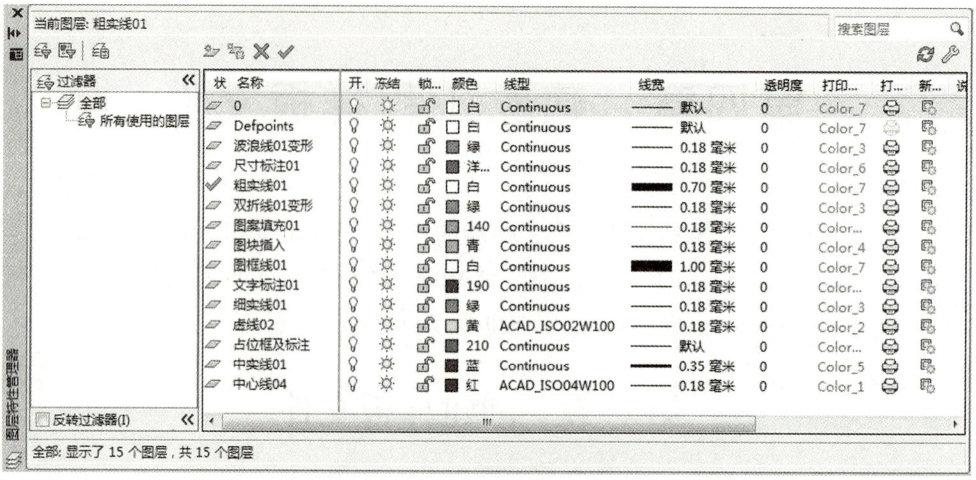


**图 4-1　设置绘图文件的图层**

**表 4-1　文字样式设置内容**

| 样式名 | 字体名 | 使用大字体 | 字体样式 | 高度 | 效果 | |
|---|---|---|---|---|---|---|
| | | | | | 宽度因子 | 倾斜角度 |
| Standard | txt. shx | 〔〕 | / | 0. 0000 | 1. 0000 | 0 |
| 仿宋体 | 仿宋_GB2312 | / | 常规 | 0. 0000 | 0. 7000 | 0 |
| 书写斜体 | gbeitc. shx | √ | gbcbig. shx | 0. 0000 | 1. 0000 | 0 |
| 书写直体 | gbenor. shx | √ | gbcbig. shx | 0. 0000 | 1. 0000 | 0 |

**注**:1. 表中 Standard 为默认样式名;

2. 使用大字体复选框,只在字体扩展名为". shx"时有效。〔〕表示未选中,√表示选中,/表示无效;

3. 高度设为 0. 0000,在输入文字时,可根据需要指定文字高度。

在工程图绘制中,对不同用途的文字,依据国家和行业标准,建议选用如下形式:

少量注释:仿宋_GB2312 或 gbenor. shx /gbcbig. shx,高度 5 或 7 号字;

大量注释:gbenor. shx /gbcbig. shx,高度 5 或 7 号字;

图形名称:仿宋_GB2312,高度 7 号字;

尺寸标注:默认设置 Standard,高度 2. 5 或 3. 5 号字;

标题栏:仿宋_GB2312,高度 5 或 3. 5 号字。

## 五、设置尺寸标注样式

参照表 4-2 设置符合我国不同行业标准的尺寸标注样式。

**表 4-2　尺寸标注样式设置内容**

| 样式名 | 直线 | | | 符号和箭头 | | | 文字 | |
|---|---|---|---|---|---|---|---|---|
| | 尺寸线 | 尺寸界限 | | 箭头 | | | 文字外观 | 文字位置 |
| | 基线间距 | 超出尺寸线 | 起点偏移量 | 第一个 | 第二个 | 箭头大小 | 文字高度 | 从尺寸线偏移 |
| Standard | 3.75 | 1.25 | 0.625 | 实心闭合 | 实心闭合 | 2.5 | 2.5 | 0.625 |
| 建筑标注 | 8 | 2 | 2 | 建筑标记 | 建筑标记 | 2 | 3.5 | 1 |
| 水工标注 | 8 | 2 | 2 | 实心闭合 | 实心闭合 | 3.5 | 3.5 | 1 |

注:表中未列出参数,需根据实际情况进行调整,具体内容参见第三章。

## 六、绘制图框线

图纸幅面相关尺寸参考表 4-3 绘制。

**表 4-3　图纸幅面尺寸**　　(单位:mm)

| 幅面代号 | A0 | A1 | A2 | A3 | A4 |
|---|---|---|---|---|---|
| $B \times L$ | 841 × 1189 | 594 × 841 | 420 × 594 | 297 × 420 | 210 × 297 |
| $e$ | 20 | | 10 | | |
| $c$ | 10 | | | 5 | |
| $a$ | 25 | | | | |

## 七、绘制标题栏

采用《工程制图》教材中常见的标题栏格式,如图 4-2 所示。

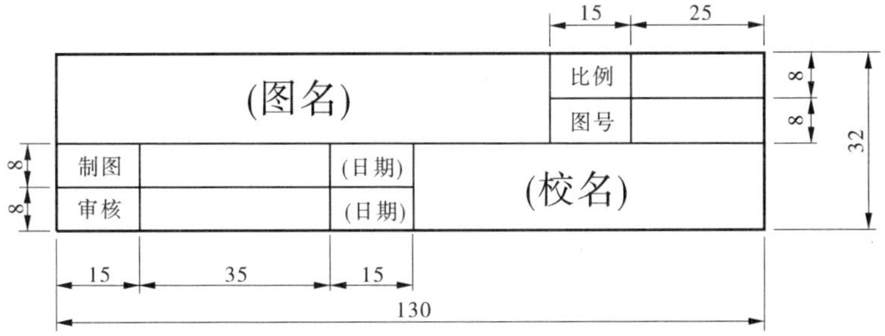


**图 4-2　标题栏格式**

注:图中数字尺寸单位为 mm;标题栏内的字体采用仿宋体,图名用 10 号字,校名用 7 号字,其余用 5 号字;数字用 3.5 号字。

## 八、保存样板图

通过前面的操作,样板图及其环境已经设置完毕,可以将其保存成样板文件。

在如图 4-3 所示的“图形另存为”对话框的“文件类型”下拉列表框中选择“AutoCAD 图形样板( *. dwt)”选项,在“文件名”文本框中输入文件名称 A3,单击“保存”按钮,就建立了一个样板文件。

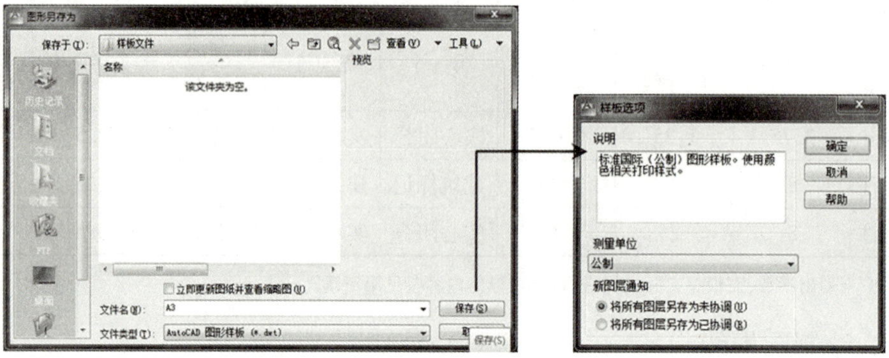


图 4-3　生成样板文件的对话框

## 第二节　调用样板文件

创建样板文件并保存到计算机中后,就可以调用该样板文件来完成图形的绘制,从而提高绘图效率。调用样板文件的具体操作如下。

### 一、操作方法

- 下拉菜单法:文件→新建;
- 键盘输入法:New ↓ 。

### 二、操作步骤

(1)选择新建命令,打开“选择样板”对话框;

(2)在文件列表中选择样板文件名,如 D:\工程设计\样板图\A3. dwt;

(3)单击“打开”按钮,创建一个新的图形文档,此时绘图窗口中将显示图框和标题栏,并包括样板图中的所有设置。

**【例 4-1】**　以图 4-4 所示形体为例,说明组合体三面投影图的绘制方法和步骤,其绘图比例为 1:10。

步骤 1:调用创建好的 A3 样板文件。首先依据图形总体尺寸,设置“图形界限”为 1500 × 1500;然后点击“全部缩放”命令将图纸放到中间。

步骤 2:布图,画定位轴线和基准线。

(1)通过形体分析将涵洞口模型分为上、中、下三个基本形体组成的叠加型组合体,如图 4-5 所示。选择“图层”下拉列表中的“中心线层”,根据三面投影图的大小和位置,画出定位轴线,如图 4-6(a)所示。

(2)选择“图层”下拉列表中的“粗实线层”,根据四棱柱基础的长、宽、高绘制三面投影,如图 4-6(b)所示。

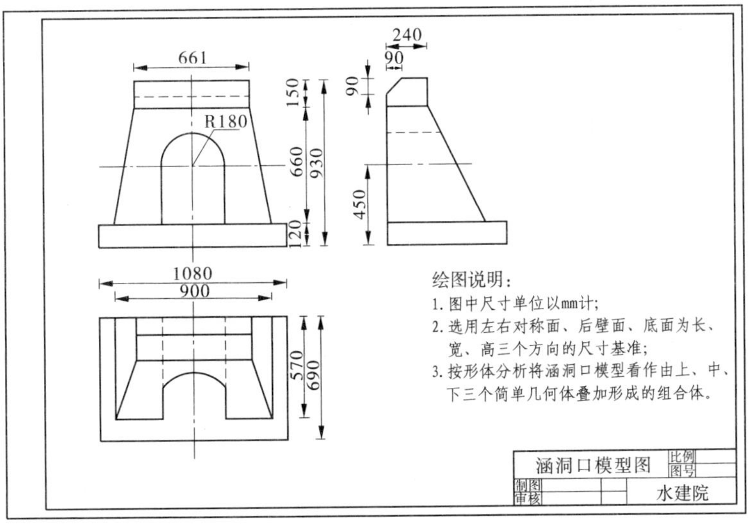


**图 4-4　涵洞口模型设计图**

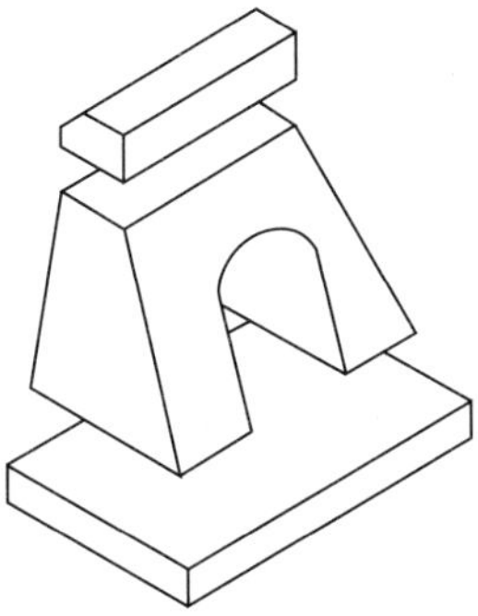

**图 4-5　涵洞口模型形体分析轴测图**

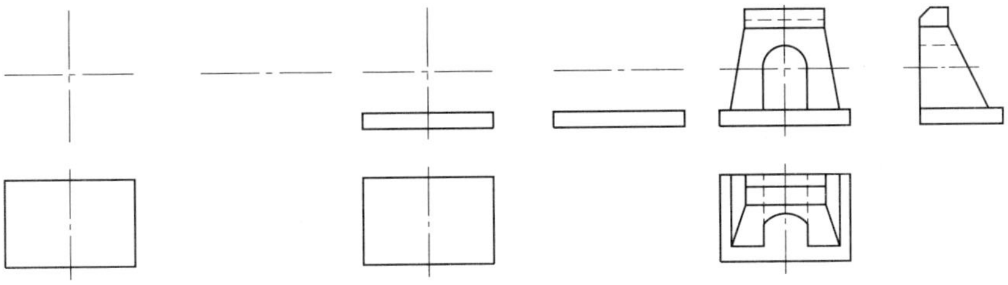

(a)定中心　　(b)定基准　　(c)绘制三视图

**图 4-6　绘制组合体的三视图**

步骤 3:画三面正投影图。

(1)根据组成组合体的各基本体的投影特点和形体间的相对位置,先画出基本体的特征投影,再利用"长对正、高平齐、宽相等"的三等规律画出另外两个面的投影。每当叠加一个基本体时,都要分析其与已画的基本体的组合方式和表面连接关系,以检查有无多画或少画的线,如图 4-6(c)所示。

(2)检查无误后,利用“缩放(scale)”命令将图形按 1:10 进行缩放,并将“水利标注 1:10”设置为当前尺寸标注样式(该样式中,测量单位比例因子值为 10),对图形进行尺寸标注。

步骤 4:标注尺寸、加深并完善图形。

(1)选择尺寸基准。经过分析,选用左右对称面、后壁面、底面为长、宽、高三个方向的尺寸基准。

(2)标注定形和定位尺寸。四棱柱的定形尺寸:长 1080,宽 690,高 120;四棱锥台的定形尺寸:上下底面的长 661、900,宽 240、570,棱台高 660;切去一个棱的四棱柱的定形尺寸除标注长、宽、高外,还需标注切口的尺寸 90 ×90。四棱锥台中 U 形孔轴线为定位尺寸 450。效果如图 4-7 所示。

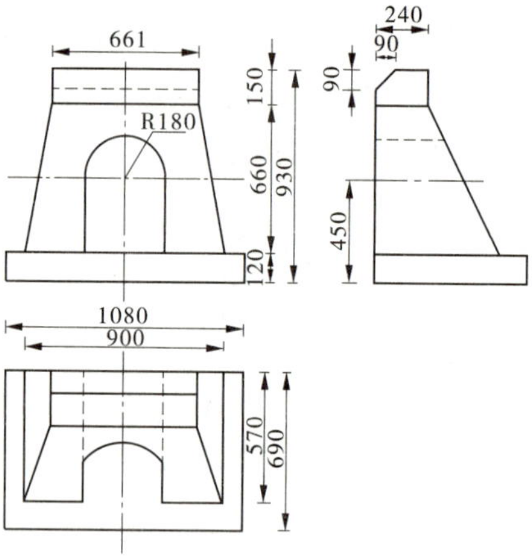


图 4-7　组合体的尺寸标注

步骤 5:添加注释文字。

(1)将“文字注释层”置为当前层。

(2)选择“绘图→文字→多行文字”命令,在“样式”下拉列表框中选择“仿宋体”选项,字高为 7,并在文字输入窗口中输入需要创建的多行文字,如图 4-8 所示。

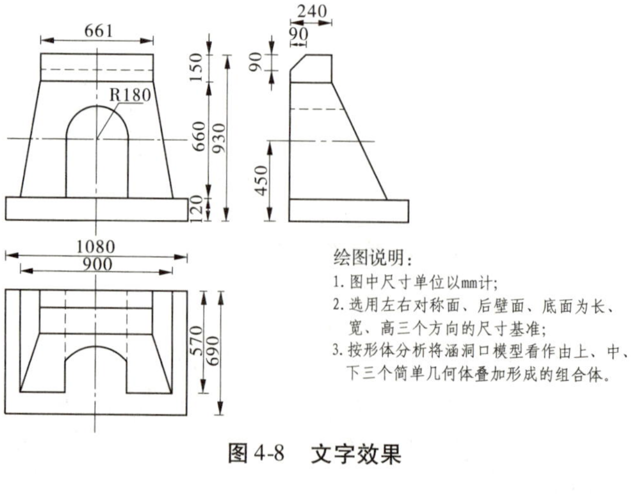


图 4-8　文字效果

(3)单击“确定”按钮,输入的文字将显示在绘制的矩形窗口中。

步骤6:将图形插入样板文件的图框线内,并填写标题栏内容。

到此,在A3样板图中绘制了一个完整的水利工程简图,最终效果如图4-4所示。

# 专业部分

# 第五章　水利工程图

水利工程是指对自然界的水进行有效的控制和调配，达到兴利除害目的而修建的各项工程措施的统称。水利工程中采用的各种建筑物称为水工建筑物，按所起的作用不同，水工建筑物分为挡水建筑物（如拦河坝、拦河闸）、泄水建筑物（如溢流坝、溢洪道、隧洞）、取水建筑物（如水闸、扬水站）、输水建筑物（如渠道、渡槽）、整治建筑物（如丁坝、顺坝、护岸）及专门建筑物（如船闸、电站厂房）。在水域的适当地点集中布置若干个水工建筑物，各自发挥不同作用并协调工作的综合体称为水利枢纽。表达水利工程规划、枢纽布置和水工建筑物形状、尺寸及结构的图样称为水利工程图，简称水工图。

水工图的基本类型有工程位置图（规划图）、枢纽布置图（或总体布置图）、建筑结构图、施工图和竣工图。绘制水工图需参照行业制图标准，本章将参照现行《水利水电工程制图标准》的规定，介绍水工图的一般表达以及画图和读图方法，并通过实例说明利用 AutoCAD 绘制水工图的方法。

## 第一节　水工图中的符号与标注

### 一、水流方向符号

水工图中，采用箭头符号表示水流方向，根据需要可采用图 5-1 所示样式绘制。

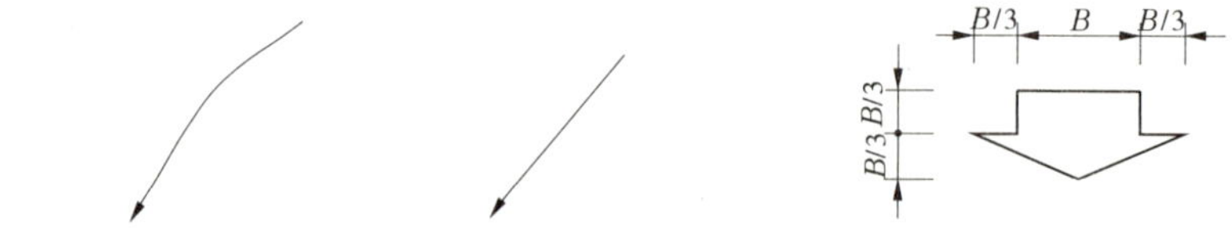


(a)简式符号之一　(b)简式符号之二　(c)水流方向符号

图 5-1　水流方向符号

### 二、指北针符号

水工图中，指北针符号一般设在平面图中的左上角（必要时也可设在右上角），箭头指向正北方,可采用图 5-2 所示样式绘制。

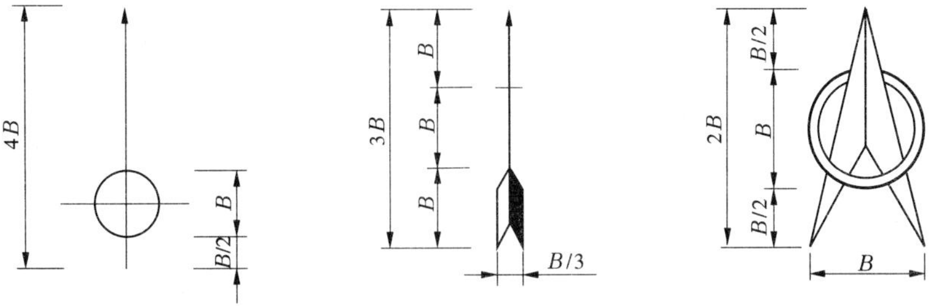


(a)简式符号之一　(b)简式符号之二　(c)指北针符号

**图 5-2　指北针符号**

## 三、标高符号

水工图中,标高符号可根据需要选用图 5-3 所示样式绘制;图中符号均采用细实线绘制,其中 $h$ 约为数字高的 2/3,长方形尺寸为 5 mm × 18 mm。

(a)立面图的标高符号　(b)水面的标高符号　(c)平面图的标高符号　(d)特征水位的标高符号

**图 5-3　标高符号**

**【例 5-1】**　为图 5-4 标注高程。

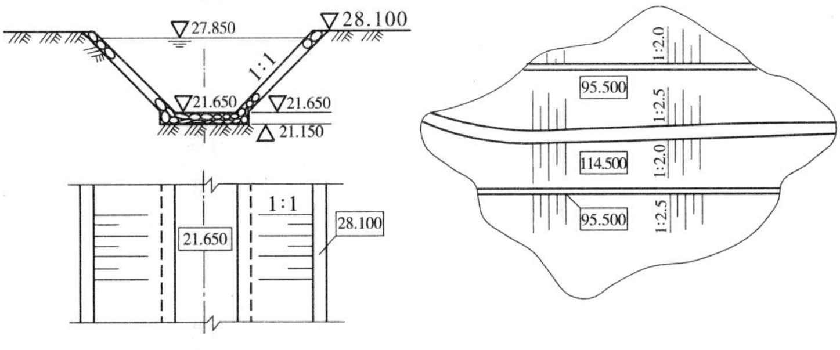


**图 5-4　标注高程**

在立面图和剖视图中,一般采用标高符号标注高程。平面图中的标高符号采用细实线画出矩形框,当图形较小时,可将标高符号引出绘制,如图 5-4 所示。

## 四、材料图例

在水工图中,除采用常用的建筑材料图例外,还有一些特有图例,表 5-1 中做了部分摘录。

表 5-1　水工图中的材料图例

| 名称 | 图例 | 名称 | 图例 |
|---|---|---|---|
| 岩石 | 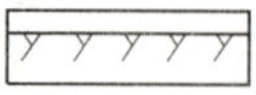 | 干砌块石 | 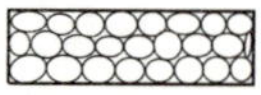 |
| 金属 |  | 浆砌块石 | 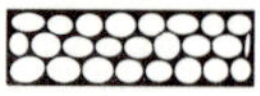 |
| 水、液体 |  | 干砌条石 | 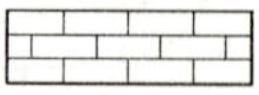 |
| 碎石 | 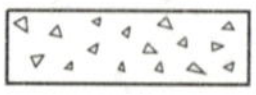 | 浆砌条石 | 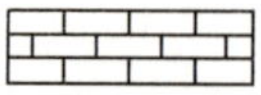 |
| 堆石 | 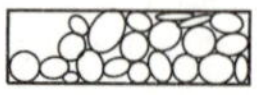 | 砂砾石 |  |

注:建筑图中表示普通砖的图例,在水工图中表示金属材料。

## 五、尺寸标注

水工图中标注的尺寸单位,除标高、规划图(流域规划图以千米为尺寸单位)及总布置图的尺寸以米为单位外,其余尺寸均以毫米为单位,图中不必说明。若采用其他尺寸单位,则必须在图纸中加以说明。

水工图的尺寸标注中,尺寸起止符号采用长度为 $4b$、尾宽为 $b$ 的实心箭头表示;必要时用长度为 2 ~3 mm 的 45°斜短线表示。其余三个要素(尺寸线、尺寸界线和数字)或圆弧尺寸标注的相关规定同前述。

均匀分布的相同构件或构造,可只绘制或标注其中一部分构件或构造,但需用数字表示相同构件或结构的数量,如图 5-5 所示。

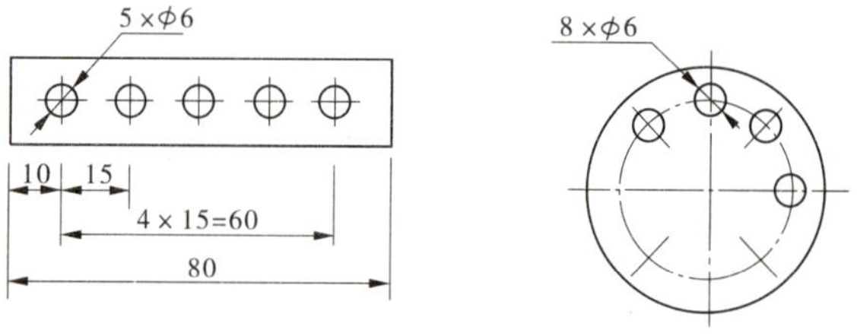


(a)　　(b)

图 5-5　相同构造尺寸注法

# 第二节　水工图的绘制

某混凝土重力坝的一个溢流坝段,其坝面曲线坐标如表 5-2 所示,剖面图如图 5-6 所示。

表 5-2　坝面曲线坐标　（单位:m)

| 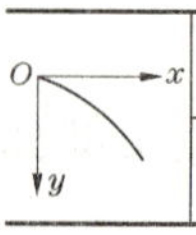 | x | 0 | 0.5 | 1.0 | 1.5 | 2.0 | 2.5 | 3.0 | 3.5 | 4.0 | 4.5 | 5.0 | 5.5 | 6.0 |
|---|---|---|---|---|---|---|---|---|---|---|---|---|---|---|
| | y | 0 | 0.039 | 0.139 | 0.295 | 0.502 | 0.758 | 1.063 | 1.413 | 1.809 | 2.250 | 2.734 | 3.261 | 3.831 |

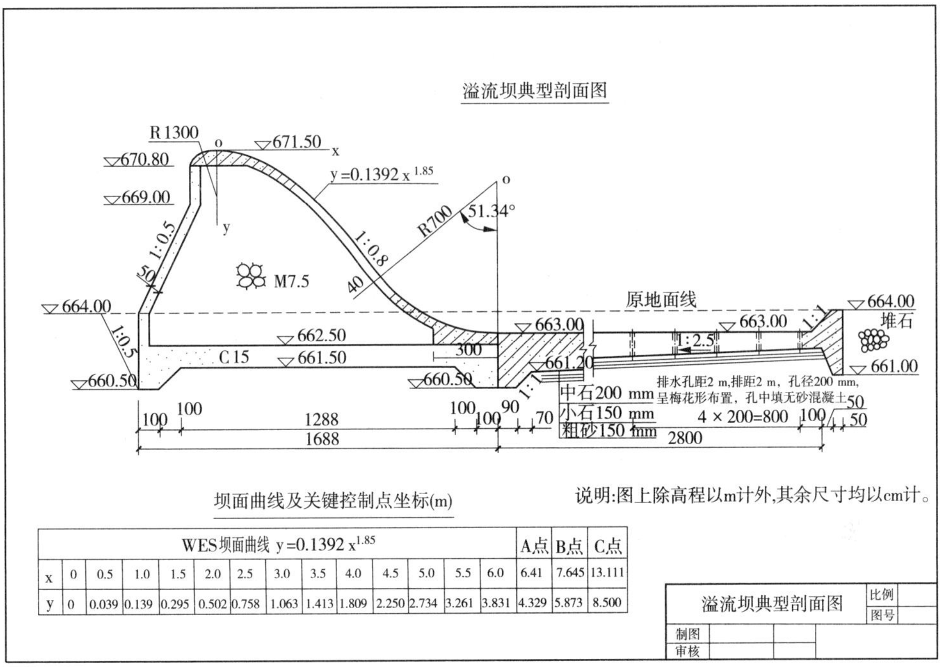


| | WES坝面曲线 y=0.1392 x^1.85 | | | | | | | | | | | | | A点 | B点 | C点 |
|---|---|---|---|---|---|---|---|---|---|---|---|---|---|---|---|---|
| x | 0 | 0.5 | 1.0 | 1.5 | 2.0 | 2.5 | 3.0 | 3.5 | 4.0 | 4.5 | 5.0 | 5.5 | 6.0 | 6.41 | 7.645 | 13.111 |
| y | 0 | 0.039 | 0.139 | 0.295 | 0.502 | 0.758 | 1.063 | 1.413 | 1.809 | 2.250 | 2.734 | 3.261 | 3.831 | 4.329 | 5.873 | 8.500 |

**图 5-6　溢流坝典型剖面图**

## 一、基本绘图环境设置

参照第四章中所讲内容,设置符合水工图标准的样板文件,其中出图比例为 1∶150。

调用创建好的 A3 样板文件。首先依据图形总体尺寸,设置“图形界限”为 45000 × 35000;然后点击“全部缩放”命令将图纸放到中间。

## 二、绘制溢流坝剖面图

首先,启动对象捕捉功能并设定端点、交点、圆心、切点等对象捕捉模式,激活状态行中的“正交”模式。

其次,绘制图线。具体步骤如下:

(1)以粗实线层为当前层绘制轮廓线。

剖面轮廓线中溢流坝面部分曲线较复杂,以下重点介绍坝面曲线的绘制方法和过程:假定断面的直线部分已绘制完成,如图 5-7(a)所示,其中直线 AB 的长度为 A 点高程 671.5 m 减去 B 点高程 669 m,直线 AC 是为绘制小圆弧而作的辅助切线。绘制小圆弧的方法是采用“相切、相切、半径”的方式绘制圆,两条切线分别为 AB 和 AC,半径为 1300。然后利用修剪命令,以两条切线为剪切边,修剪掉不需要的圆弧段,再利用修剪命令,以圆弧为剪切边将点 A 与圆弧和直线 AB 的切点间的线段剪切掉,并删除直线 AC 后得到图 5-7(b)。为方便绘制坝面样条曲线,移动坐标轴原点到圆弧右切点 M,如图 5-7(c)所示,调用绘制样条曲线的命令,根据命令行的提示输入曲线坐标值后得到图 5-7(c)。

以下为绘制样条曲线命令的执行过程:

命令:_spline

指定第一个点或［对象(O)］: 0,0

指定下一点:500,39

指定下一点或［闭合(C)/拟合公差(F)］ <起点切向>:1000,139

指定下一点或［闭合(C)/拟合公差(F)］ <起点切向>:1500,295

指定下一点或［闭合(C)/拟合公差(F)］ <起点切向>:2000,502

指定下一点或［闭合(C)/拟合公差(F)］ <起点切向>:2500,758

指定下一点或［闭合(C)/拟合公差(F)］ <起点切向>:3000,1063

指定下一点或［闭合(C)/拟合公差(F)］ <起点切向>:3500,1413

指定下一点或［闭合(C)/拟合公差(F)］ <起点切向>:4000,1809

指定下一点或［闭合(C)/拟合公差(F)］ <起点切向>:4500,2250

指定下一点或［闭合(C)/拟合公差(F)］ <起点切向>:5000,2734

指定下一点或［闭合(C)/拟合公差(F)］ <起点切向>:4750,2000

指定下一点或［闭合(C)/拟合公差(F)］ <起点切向>:5500,3261

指定下一点或［闭合(C)/拟合公差(F)］ <起点切向>:6000,3831

指定下一点或［闭合(C)/拟合公差(F)］ <起点切向>: ↓

指定起点切向: ↓

指定端点切向: ↓

绘制以上样条曲线的另一种方法是先在文本编辑器里面编辑好曲线坐标值，再激活样条曲线命令，当命令行提示指定第一点时将编辑器里的各坐标值整体拷贝过来即可。注意:以上坐标点为绝对坐标，故需在绝对坐标输入环境下进行。

然后根据 1∶0.8 的坡度从 D 点(坐标 6410,4329)绘制直线到 E 点(坐标 7645,5873)，再根据已知条件，采用“起点、端点、半径”的方式，以 E 点为起点，F 点为端点，绘制半径为 7000 的圆弧，如图 5-7(d)所示。

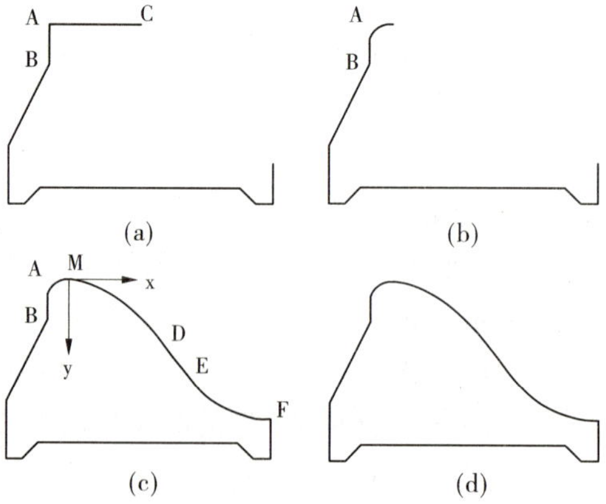


**图 5-7　溢流坝轮廓线绘制过程**

(2)以细实线层为当前层绘制反滤层。

由中石子、小石子和粗砂组成的反滤层及其结构层次注写线均以细实线绘制，并采用偏移的方法绘制平行线，其中反滤层由消力池底板轮廓线偏移并修改线型特征为细实线后得到,如图 5-8 所示。

(3)以虚线层为当前层绘制排水孔。

首先绘制最靠近下游的排水孔,如图 5-8(a)所示,其他排水孔采用矩形阵列的方法得到,阵列设置为 1 行 5 列,偏移量为@0, -2000,然后利用延伸命令得到最终绘制的排水孔,如图 5-8(b)所示。

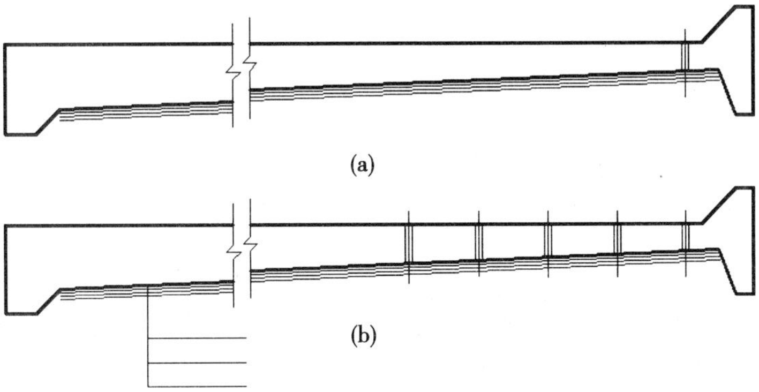

图 5-8 反滤层及排水孔的绘制

## 三、其余有关事项

### (一)材料符号的填充与绘制

1. 混凝土符号的填充

根据设计,溢流坝和消力池采用混凝土、钢筋混凝土和浆砌块石材料,填充前可利用偏移命令及图中尺寸,将轮廓线向内分别偏移,得到如图 5-9(a)所示的封闭区域。然后,将图案填充层置为当前层,利用图案填充命令,选择混凝土"AR - CONC"、钢筋混凝土"AR - CONC" +"ANSI31"图案进行填充,填充结果如图 5-9(b)所示。

2. 浆砌块石符号的绘制

AutoCAD 中没有预定义浆砌块石符号和堆石符号,所以在表示坝体和海漫部分时这些符号需要重新绘制。浆砌块石或堆石符号可以采用样条曲线命令绘制后进行多重拷贝得到,浆砌块石之间可采用实体填充(solid)命令进行填充。

### (二)尺寸及高程标注

按照图纸要求进行标注样式的设置,并将尺寸标注层置为当前层,然后对主要尺寸进行标注,其中高程标注采用带属性的图块。注意:对图形进行尺寸标注和文字注写之前,利用缩放(scale)命令将图形按 1:150 的比例进行缩放,并将尺寸标注样式中测量单位比例因子值设为 150,再进行标注。

### (三)文字注写

将文字标注层置为当前层,根据图中不同用途选择相应的字体样式进行文字的注写。

### (四)完善图框和标题栏

将图框线和标题栏层置为当前层,插入设置好的图框和标题栏,并对详细信息进行完善。

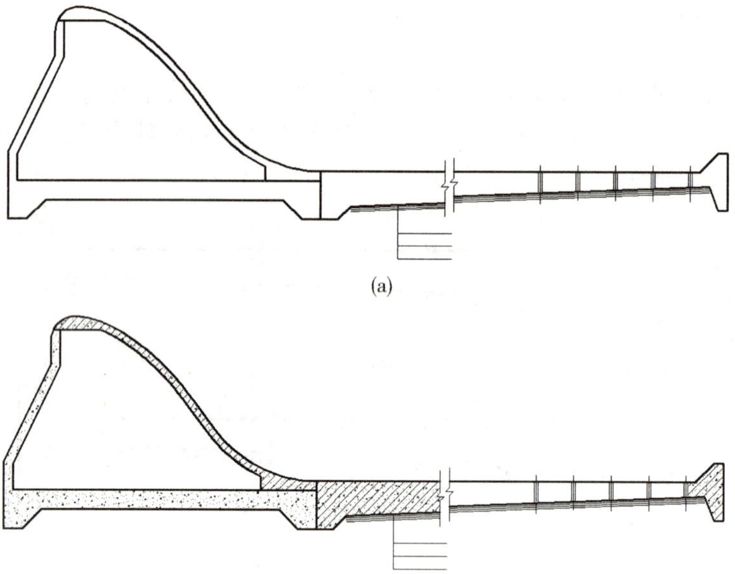

(a)

(b)

**图 5-9　填充边界和混凝土填充符号的绘制**

# 第三节　水工图的阅读

## 一、水工图的分类

水工图主要有规划图、布置图、结构图、施工图等。

规划图主要表示流域内一条或一条以上河流的水利水电建设的总体规划，某条河流梯级开发的规划，某地区农田水利建设的规划等。布置图主要表示整个水利枢纽的布置，某个主要水工建筑物的布置等。结构图主要包括水工建筑物体型结构设计图（也可简称为体型图）、钢筋混凝土结构图（简称为钢筋图）、钢结构图和木结构图等。施工图主要表示施工组织和方法，它包括施工布置图、开挖图、混凝土浇筑图、导流图等。规划图和布置图中一般标有地形等高线、河流及流向、指北针、各建筑物的相互位置和主要尺寸等。规划图中各建筑物采用图例表示。规划图的比例一般为 1∶500000 ~ 1∶10000，布置图的比例一般为 1∶5000 ~ 1∶200。结构图和施工图一般较详细地表达建筑物的整体和各组成部分的形状、大小、构造和材料。结构图和施工图的比例一般为 1∶1000 ~ 1∶10。

## 二、阅读水工图的步骤和方法

### （一）读图步骤

阅读水工图的一般顺序是由枢纽布置图到建筑结构图，由主要结构到其他结构，由轮廓构件到小的构件。在读懂各部分的结构形状之后，综合起来想出整体形状。

读枢纽布置图时，一般以总平面图为主，并和有关的视图（如上、下游立面图，纵剖视图等）相互配合，了解枢纽所在地的地形、地理方位、河流中采用的简化画法和图例，先了解它们的意义和位置，待阅读这部分结构图时再作深入了解。

读建筑结构图时，如果枢纽有几个建筑物，可先读主要建筑物的结构图，然后读其他建筑物的结构图。根据结构图可以详细了解各建筑物的构造、形状、大小、材料及各部分的相互关系。对于附属设备，一般先了解其位置和作用，然后通过有关的图纸再作进一步了解。

**（二）读图的一般方法**

阅读水工图的方法与阅读其他建筑物图样的方法一样，除具备一定的专业知识外，还应熟练运用投影规律，用形体分析法和线面分析法进行读图。

首先，了解建筑物的名称和作用。从图纸上的“说明”和标题栏可以了解建筑物的名称、作用、绘图比例等。

其次，弄清各图形的由来，并根据视图对建筑物进行形体分析。了解该建筑物采用了哪些视图、剖视图、剖面图和详图，有哪些特殊表达方法；了解各剖视图、剖面图的剖切位置和投射方向，各视图的主要作用等。然后以一个特征明显的视图或结构关系较清楚的剖视（或剖面）图为主，结合其他视图概略了解建筑物的组成部分及其作用。根据建筑物各组成部分的构造特点，可分别沿建筑物的长度、宽度和高度方向把它分成几个主要组成部分。必要时还可进行线面分析，弄清各组成部分的形状。

再次，了解和分析各视图中各部分结构的尺寸，以便了解建筑物的整体大小及各部分结构的大小。

最后，根据各部分的相互位置想出建筑物的整体形状。

## 三、阅读水闸设计图

**（一）组成部分及作用**

图 5-10、图 5-11 所示的水闸是一座建在土基上的涵洞式进水闸，它起控制渠道内的水位和流量的作用。该闸由上游连接段、闸室、消力池和下游连接段四部分组成。

闸室为钢筋混凝土材料。在水工图中，属于初步设计和技术设计阶段的图样，图中钢筋混凝土图例往往画成混凝土图例。图 5-10 和图 5-11 中的闸室材料图例即画为混凝土图例。闸室是闸的主要组成部分，该闸为单孔进水闸，由闸底板、边墩和涵洞组成。为使水流能平顺进入闸室，在上游设置了长为 4. 05 m 的连接段，采用浆砌块石结构，它的两侧为八字形翼墙。为了消除由闸室流出的下泄水流对渠道的冲刷，采用消力池的形式消除水流的能量。消力池为浆砌块石结构，两侧为扭面边墙。消力池底板标高为 14. 00 m，池长 2. 40 m。下游连接段为长 4. 20 m、横断面呈梯形的结构，用浆砌块石筑成，其作用是避免流出消力池的水流的剩余能量对下游渠道的冲刷。

**（二）视图**

平面图主要表达涵洞式进水闸的范围、平面布置情况、各组成部分水平投影的形状和大小等。图中，水流方向为自左向右。以闸室为界，闸室的左边为上游，闸室的右边为下游。

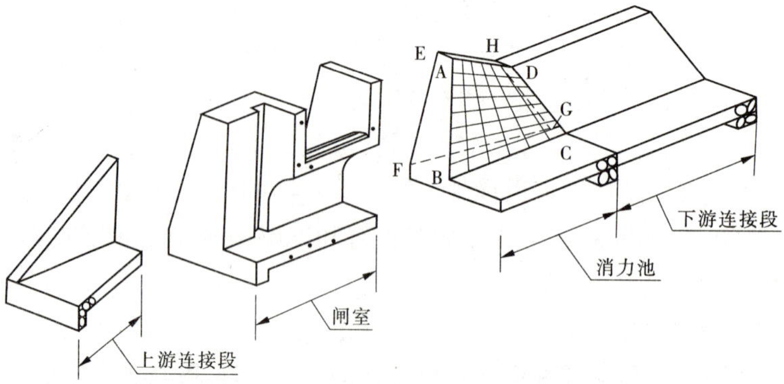


**图 5-10　涵洞式进水闸轴测图**

纵剖视图是通过进水闸的中心线竖直剖切后向正立投影面作投影所得到的剖视图。因为剖切位置明显，所以图中未作标注。纵剖视图主要表达各组成部分的前后关系、剖面形状和建筑材料等。

上游立面图和下游立面图画成合成视图，它基本上为外视图，主要表达上游连接段八字形翼墙的外观、下游消力池两侧扭面的形状和边坡、底板的形状等。从图 5-11 可以看出，下游立面图实际为剖视图，剖切面为侧平面，剖切位置在消力池与下游连接段的分界处，水工图中习惯上不标出该剖切位置。

Ⅰ—Ⅰ和Ⅱ—Ⅱ为合成视图，它反映涵洞上、下游端部挡土墙的形状。其中，Ⅰ—Ⅰ为剖面图，Ⅱ—Ⅱ为剖视图。Ⅲ—Ⅲ为剖面图，它表达涵洞的形状、建筑物材料和各部分尺寸。Ⅳ—Ⅳ和Ⅴ—Ⅴ分别为消力池两侧扭面边墙和上游连接段边墙的剖面图，剖切位置均取在该结构的中部，主要表达边墙的形状、大小和浆砌块石材料。Ⅵ—Ⅵ为下游连接段的剖面图。

**（三）其他表达方法**

在平面图、立面图和剖视图中，斜坡平面上均用长短相间、间隔相等的细实线表示平面的倾斜方向，称为示坡线。

剖面区域内的材料符号，如图 5-11 中的混凝土、浆砌块石、夯实土、天然土壤等符号，没有画满整个区域，仅在适当处画出了一部分。

图 5-11 中长度为 2. 40 m 的消力池，其两侧坡面的迎水面和背水面均设计成扭面。在图 5-10 的轴测图中，迎水面的扭面为 ABCD，背水面的扭面为 EFGH。在扭面 ABCD 中画出了两组不同的素线，其中以 AB 和 CD 为导线的一组素线对应于图 5-11 中纵剖视图和平面图上的素线，以 AD 和 BC 为导线的一组素线对应于图 5-11 中下游立面图上的素线。

**（四）尺寸标注**

图 5-11 中的尺寸单位，除标高以米计外，其余均以厘米为单位，并在图的右下方加以说明。重要的尺寸在不同视图中重复标注，例如图 5-11 中的一些重要标高 16. 10、14. 00、15. 70 等分别在平面图、纵剖视图、下游立面图中重复标注。

在平面图、立面图、纵剖视图中倾斜平面的坡度均以示坡线和数字 1∶1、1∶1. 5、1∶2等配合一起标注。

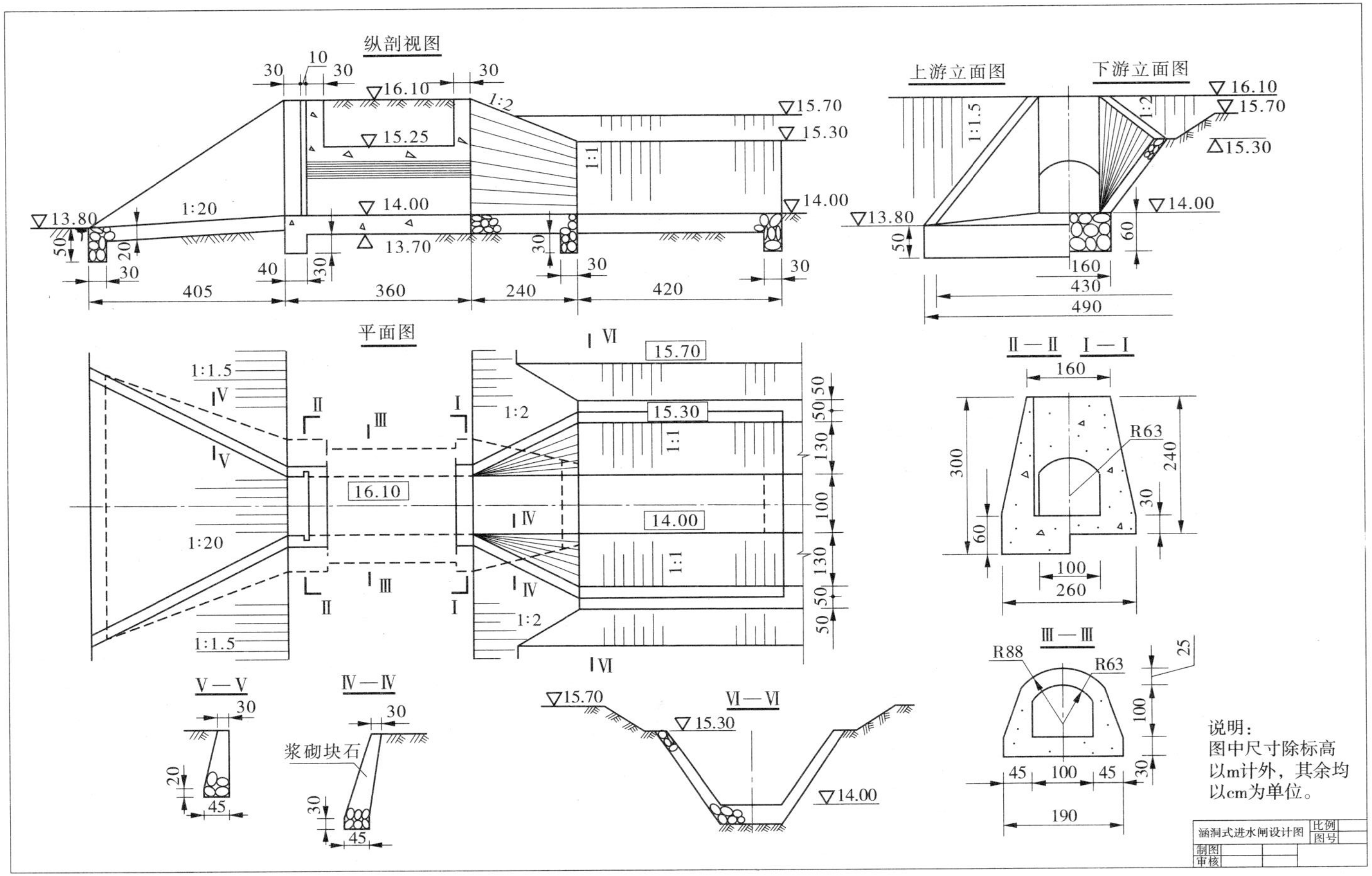


图 5-11　涵洞式进水闸设计图

# 第六章　建筑施工图

建造一幢房屋,要经过设计与施工两个阶段。设计阶段:设计人员把想象中的房屋造型和构造状况,经过合理的布置、计算、各个工种之间的协调配合,画出全套图纸,称为房屋施工图。施工阶段:施工人员根据房屋施工图建造房屋。根据专业分工的不同,房屋施工图分为建筑施工图、结构施工图和设备施工图。

我国制定了《房屋建筑制图统一标准》、《建筑制图标准》、《总图制图标准》等标准,在绘制、阅读房屋施工图时必须严格遵守国家标准中的有关规定。下面以建筑施工图的一般表达为例,介绍使用 AutoCAD 绘制建筑施工图的方法。

## 第一节　建筑施工图常用符号的规定及绘制

### 一、剖切符号

剖面图中的剖切符号应由相互垂直的剖切位置线及投射方向线组成,均以粗实线绘制,其长度分别为 6 ~ 10 mm 和 4 ~ 6 mm。编号采用阿拉伯数字,注写在投射方向线的端部;需要转折的剖切位置线,应在转角外侧加注与该符号相同的编号,如图 6-1(a)所示。

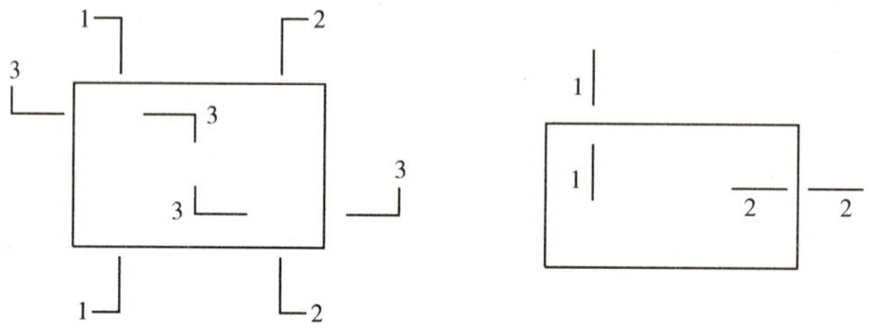


(a)剖面图中的剖切符号　　(b)断面图中的剖切符号

**图 6-1　剖切符号**

断面图中的剖切符号可用剖切位置粗实线表示,长度宜为 6 ~ 10 mm。编号采用阿拉伯数字,注写在剖切位置线的投射方向一侧,如图 6-1(b)所示。

### 二、定位轴线符号

定位轴线符号的圆直径为 8 ~ 10 mm,以细实线绘制。横向编号应用阿拉伯数字,以从左至右顺序编写,注在图样下方;竖向编号应用大写拉丁字母,以从下至上顺序编写,注在图样左侧,如图 6-2(a)所示。附加定位轴线的形式如图 6-2(b)所示。

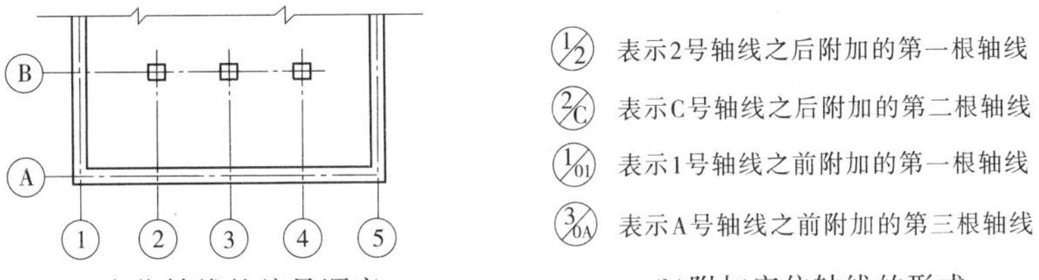


(a)定位轴线的编号顺序　　(b)附加定位轴线的形式

**图 6-2　定位轴线符号**

## 三、索引符号与详图符号

索引符号由直径为 10 mm 的圆和水平直径组成,圆及水平直径均以细实线绘制,如图 6-3所示。

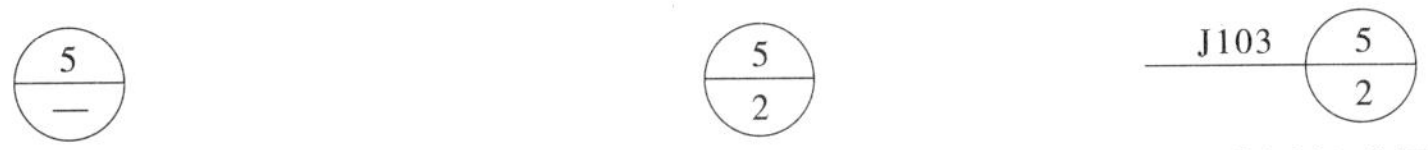


(a)详图与索引图在同一张图纸上　(b)详图与索引图在不同图纸上　(c)采用标准图

**图 6-3　索引符号**

详图符号的圆直径为 14 mm,以粗实线绘制,水平直径线以细实线绘制;零件、钢筋、杆件、设备等的编号,以直径为 4 ~6 mm 的细实线圆表示,其编号用阿拉伯数字按顺序编写,如图 6-4 所示。

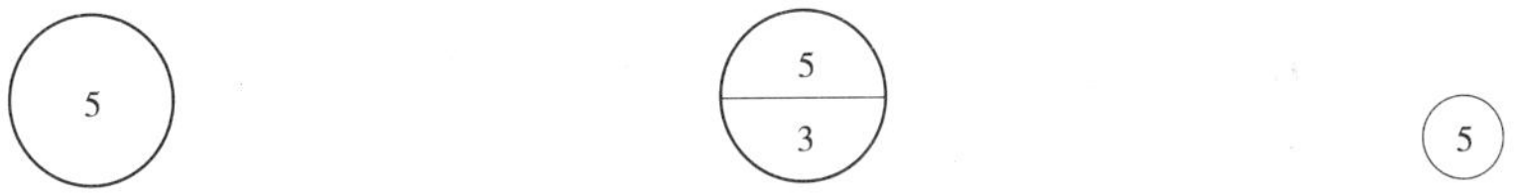


(a)与被索引图在同一张图纸上　(b)与被索引图在不同图纸上　(c)钢筋等编号

**图 6-4　详图符号和钢筋等编号**

## 四、指北针符号

指北针符号的圆直径为 24 mm,以细实线绘制。指针尾宽为 3 mm,头部注写“北”或“N”,如图 6-5 所示。

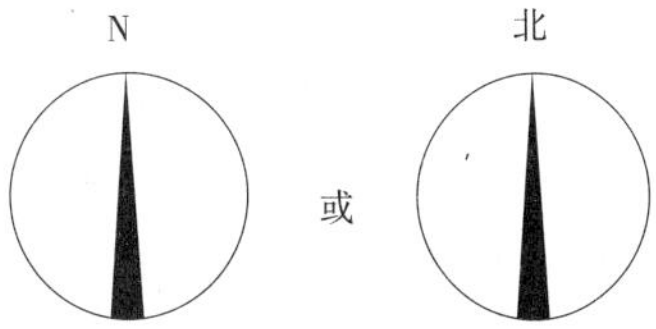


**图 6-5　指北针符号**

## 五、标高符号

标高符号为用细实线绘制的等腰直角三角形,如图 6-6(a)所示,该三角形高度 $h$ 约为 3 mm,$L$ 根据所注标高数字长度适当选取;若标注位置不够,可按图 6-6(b)所示形式标注,并根据需要选取引出线长度;总平面图中室外地坪标高符号宜用涂黑的三角形表示,如图 6-6(c)所示;标高符号的尖端应指至被注高度的位置,尖端一般向下,也可向上,标高数字注写在标高符号的左侧或右侧,如图 6-6(d)所示;标高数字应以米为单位,注写到小数点以后第三位,在总平面图中可注写到小数点以后第二位;在图样的同一位置需表示几个不同标高时,标高数字可按图 6-6(e)所示的形式注写。

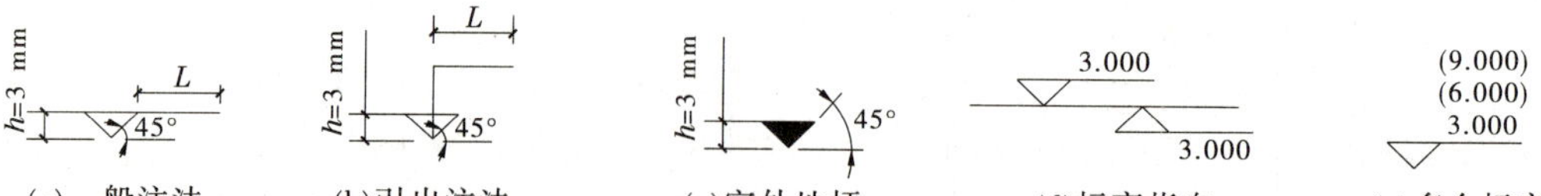


**图 6-6　标高符号**

## 六、常用建筑材料图例

剖面图中规定，被剖切面剖切到的部分应绘制相应的材料图例。国家标准对常用建筑材料图例做了规定，表 6-1 摘录了部分常用图例。

**表 6-1　常用建筑材料图例**

| 名称 | 图例 | 在CAD中的名称 | 名称 | 图例 | 在CAD中的名称 |
|---|---|---|---|---|---|
| 夯实土壤 |   | 自定义 | 钢筋混凝土 |  | AR-CONC+ANSI31 |
| 普通砖 | 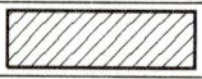 | ANSI31 | 砂、灰土 |  | AR-SAND |
| 混凝土 | 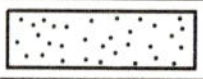 | AR-CONC | 多孔材料 |  | NET(45°) |

注：在 CAD 中的名称仅供参考。

## 七、尺寸标注

### （一）尺寸标注的一般规则

图样上的尺寸，包括尺寸界线、尺寸线、尺寸起止符号和尺寸数字。图样上的尺寸单位，除标高及总平面图以 m 为单位外，其他必须以 mm 为单位。

尺寸界线用细实线绘制，一般与被注长度垂直；尺寸界线与图样轮廓线及尺寸线的位置关系如图 6-7 所示。图样轮廓线可用作尺寸界线。

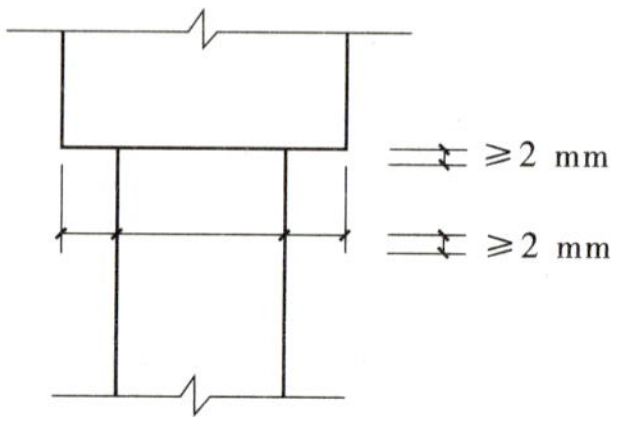


**图 6-7　尺寸界线**

尺寸线用细实线绘制，与被注长度平行。图样本身的任何图线均不得用作尺寸线。

尺寸起止符号一般用中粗斜短线绘制，其倾斜方向与尺寸界线成顺时针 45°，长度为 2 ~ 3 mm。半径、直径、角度与弧长的尺寸起止符号，用尾宽为 $b$、长度为 $(4 \sim 5)b$ 的实心箭头表示。

尺寸数字一般注写在靠近尺寸线的上方中部。若没有足够的注写位置，可按图 6-8 所示进行标注。

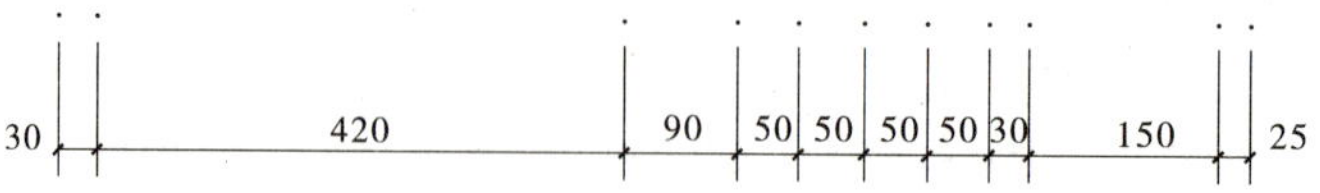


**图 6-8　尺寸数字的注写位置**

**(二)半径、直径及角度的尺寸标注方法**

半径的尺寸线应一端从圆心开始,另一端画箭头指向圆弧。半径数字前应加注半径符号“R”,如图 6-9(a)所示。一般圆弧小于或等于 180°时标注半径。

直径的尺寸线应通过圆心,两端画箭头指向圆弧。直径数字前应加注直径符号“$\phi$”,如图 6-9(b)所示。一般圆弧大于 180°时标注直径。

角度的尺寸线应以圆弧表示。角度数字按水平方向注写,如图 6-9(c)所示。

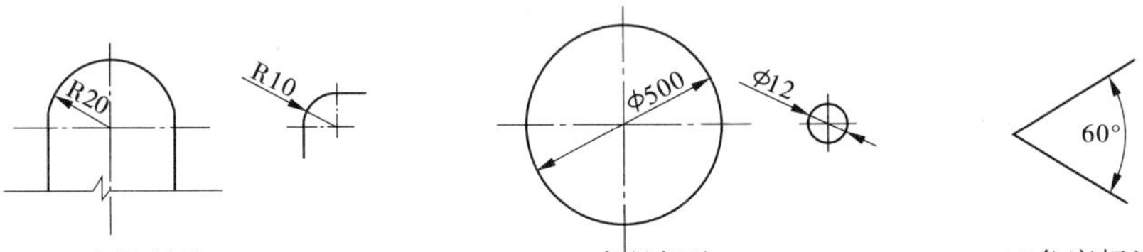


(a)半径标注　　(b)直径标注　　(c)角度标注

**图 6-9　半径、直径及角度的尺寸标注方法**

# 第二节　建筑施工图的绘制

## 一、建筑平面图的绘制

以如图 6-10 所示的住宅楼单元标准层平面图为例,说明建筑平面图绘制的基本过程和方法。绘制要求:A3 图幅,绘图比例 1∶100。

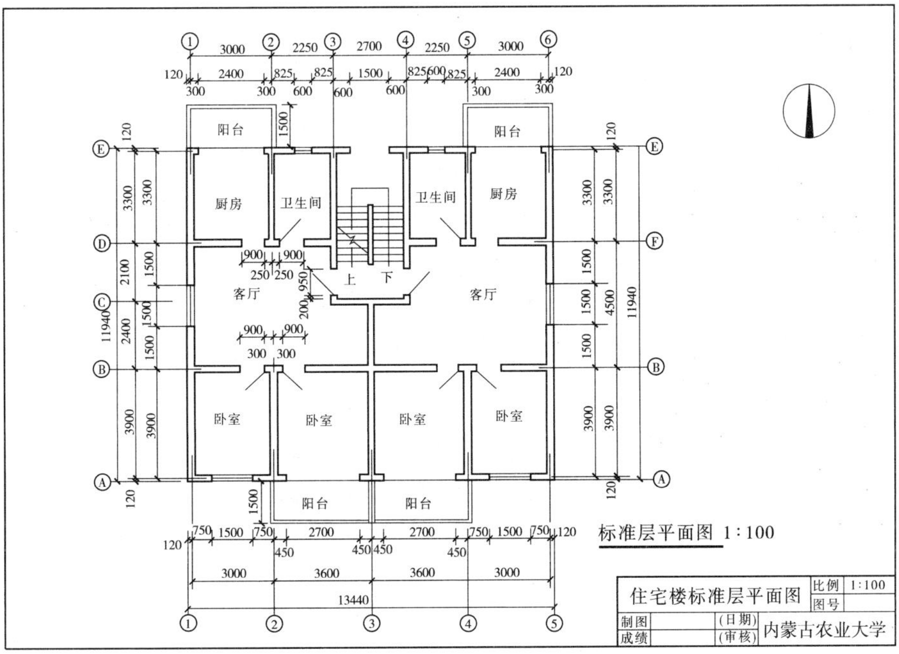


**图 6-10　住宅楼单元标准层平面图**

（一）调用样板图

在前面章节中已经讲述了 A3 样板图的设置及调用方法。根据前面所学的知识，调用设置好的 A3 样板图，作为初始的绘图环境。

注意：由于绘图比例为 1∶100，因此在绘图前使用“图形界限”命令将 A3 图幅放大 100 倍，并执行“视图→缩放→全部”命令，使设定的绘图界限全部显示在绘图区域内。然后，选择尺寸标注样式中的建筑图标注样式并设置主单位比例为 100。

（二）绘制轴网

由于平面图左右对称，因此可采取先绘制图形左侧的一半，然后再镜像得到整个平面图形的方法。

将“轴线”图层设置为当前层，打开“正交”模式，用“直线”和“偏移”命令绘制横向和竖向轴线，如图 6-11所示。

注意：图 6-11 中尺寸是为方便绘图而标记的，并不是平面的尺寸标注，以下步骤中的尺寸均如此。平面的尺寸标注应在整个图形绘制完成之后进行。

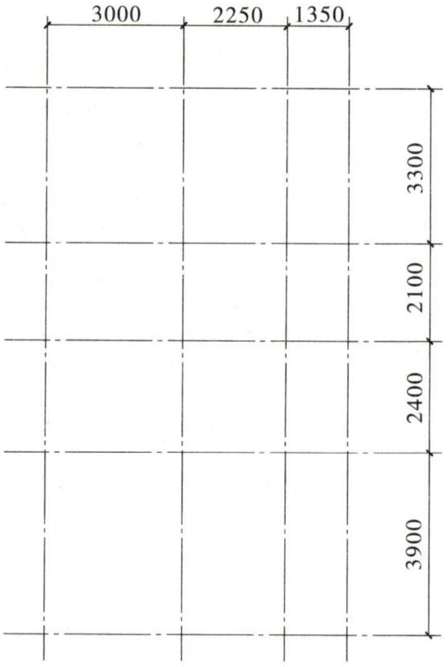

图 6-11　绘制轴网

（三）绘制墙体

步骤 1：设置多线样式。

调用下拉式菜单“格式”/“多线样式”命令，弹出“多线样式”对话框，新建名为“240”的多线样式。具体设置如图 6-12 所示，将其中的图元偏移量设为“120”和“－120”。

用同样的方法设置名为“120”的多线样式，图元偏移量设为“60”和“－60”，可完成“120”多线样式的设置。多线样式的数量可根据具体图形灵活处理。

步骤 2：将“墙”图层设置为当前层，绘制墙体。

首先将“240”多线置为当前，调用下拉式菜单“绘图”/“多线”命令。在命令行输入“J”（对齐）——“Z”（无），“ST”（样式）——“240”，“S”（比例）——“1”。打开“捕捉”，捕捉各轴线交点作为所绘制 240 多线的起点和终点，即可完成 240 墙体的绘制。然后用同样的方法再将“120”多线置为当前，完成 120 墙体的绘制。在“120”多线样式下，输入“J”——“T”（上），绘制阳台栏板线。再利用多线编辑工具，将墙体相交处的图线修改正确。绘制结果如图 6-13 所示。

图 6-12 “240”多线样式的设置

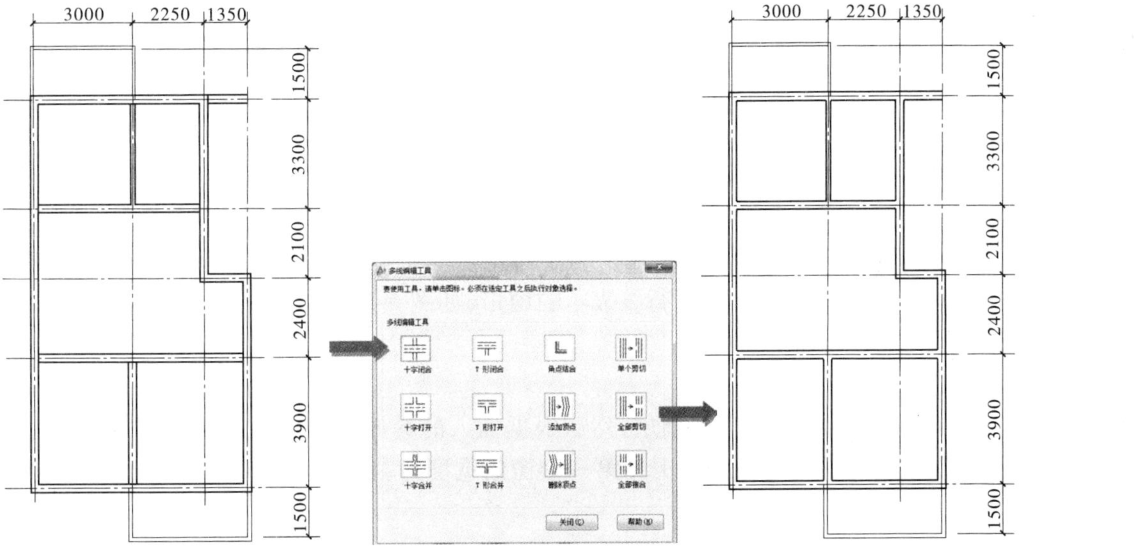


(a)利用“多线”绘制　　(b)多线编辑工具　　(c)“多线”编辑后效果

图 6-13　绘制墙体和阳台栏板

## (四)确定门窗的位置

步骤 1:选择“直线”和“偏移”命令,绘制门窗位置线,偏移距离如图 6-14(a)所示。

步骤 2:选择“分解”命令,通过窗口选取所有图线,将图形分解(多线是一个整体图元,可通过分解或使用多线编辑工具进行修改和编辑)。分解图形后,利用“修剪”命令,通过窗口选取所有图线,对墙体交接处及门窗洞口进行修剪,结果如图 6-14(b)所示。

注意:为了使图形镜像准确,应注意镜像线、墙线及阳台栏板线等的处理。

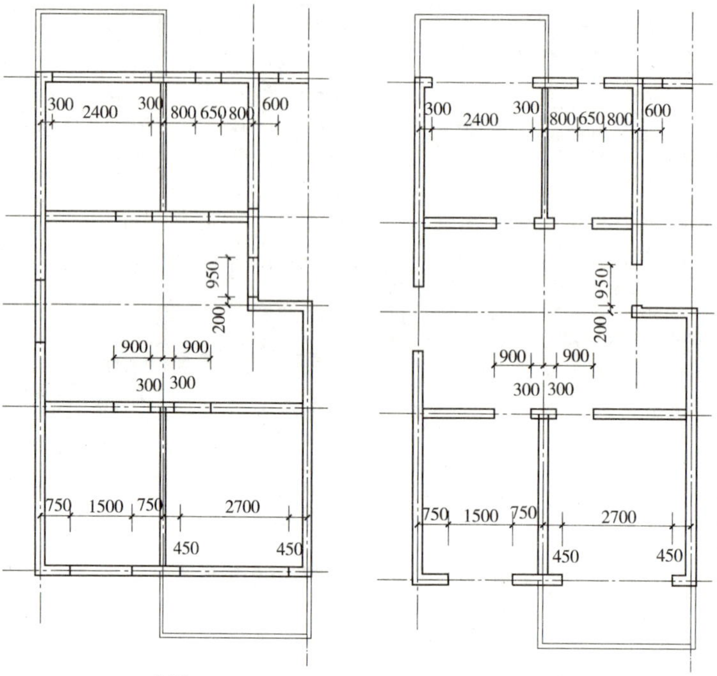


(a)步骤1　　　　(b)步骤2

**图 6-14　确定门窗位置并修剪**

### （五）绘制门窗

步骤 1:创建“窗”图块。

将图块绘制层置为当前层,用于图块的创建。使用“直线”和“偏移”命令绘制线段长 100,间距为 80 的四条平行线表示的窗户,如图 6-15 所示。然后使用定义块命令完成“窗”图块的创建。

步骤 2:插入图块“窗”。

首先将“窗”层设置为当前层,然后根据插入的具体窗宽设置插入比例,确定好插入点,完成窗的插入。如图形左下角第一个窗的宽度为“1500”,其 X 方向的插入比例应设置为“15”。

步骤 3:绘制门。

当平面图中门的数量较多时,也可通过创建并插入图块的方式进行门的绘制。本例中由于门的数量较少,且门宽只有 900 和 950 两种形式,因此可直接绘制。具体绘制方法如下:

将“门”图层设置为当前层,在状态栏中“极轴追踪”处右击,打开快捷菜单,选择“设置”,进入“草图设置”对话框,设置极轴增量角为“45°”。然后在“捕捉”和“极轴追踪”状态下,利用“直线”命令,确定端点后,直接输入长度数值即可完成门的绘制。

门窗绘制结果如图 6-16 所示。

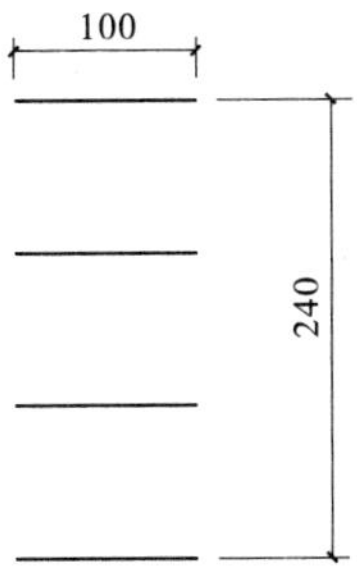


**图 6-15　窗块的绘制**

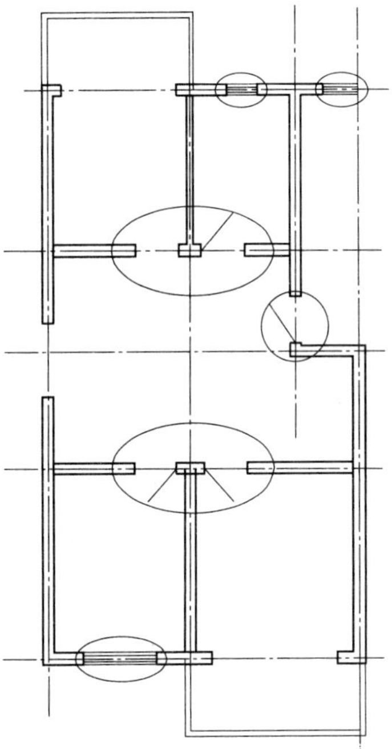

**图 6-16　绘制门窗结果**

## （六）楼梯的绘制

本例中的楼梯为双跑楼梯，箭头表示上下楼梯的方式，可利用“多段线”命令来绘制。楼梯的绘制主要使用“直线”和“偏移”命令，完成一侧绘制，另一侧镜像即可，如图 6-17所示。

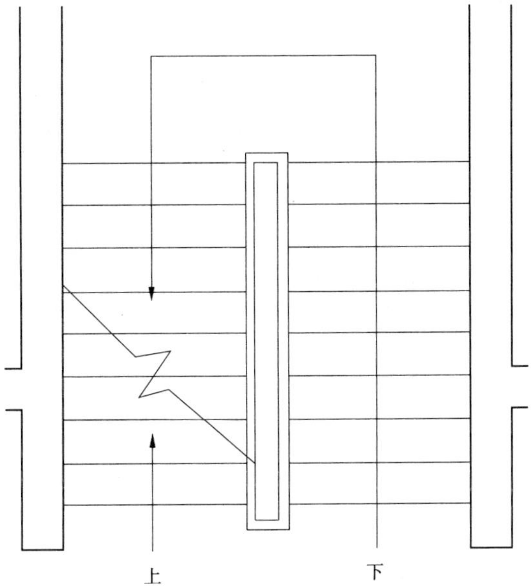


**图 6-17　楼梯的绘制**

### （七）镜像完成平面图的绘制

利用“镜像”命令完成整个房屋的平面图，如图 6-18 所示。

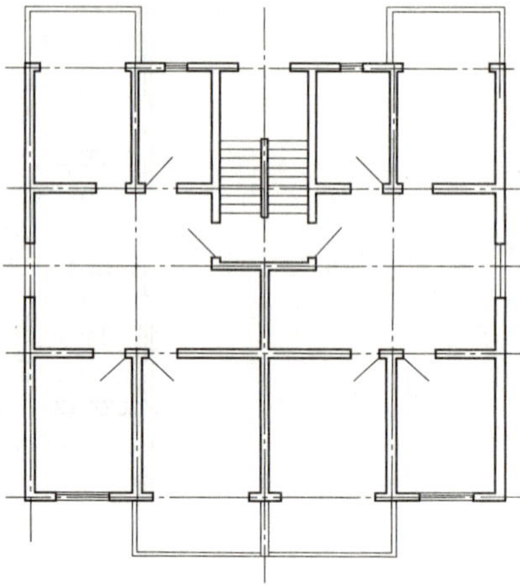

图 6-18　镜像后的平面图

### （八）标注

使用“修剪”和“删除”命令去掉多余的图线，图形整理完毕后，利用“缩放”命令将图以 1∶100 的比例进行缩放。然后，分别将“尺寸”、“文字”图层设置为当前层，进行尺寸、文字和轴线编号的标注。利用样板图中已经设置好的尺寸、文字的样式，以及带属性的图块“轴线编号”进行标注。最终结果如图 6-19 所示。

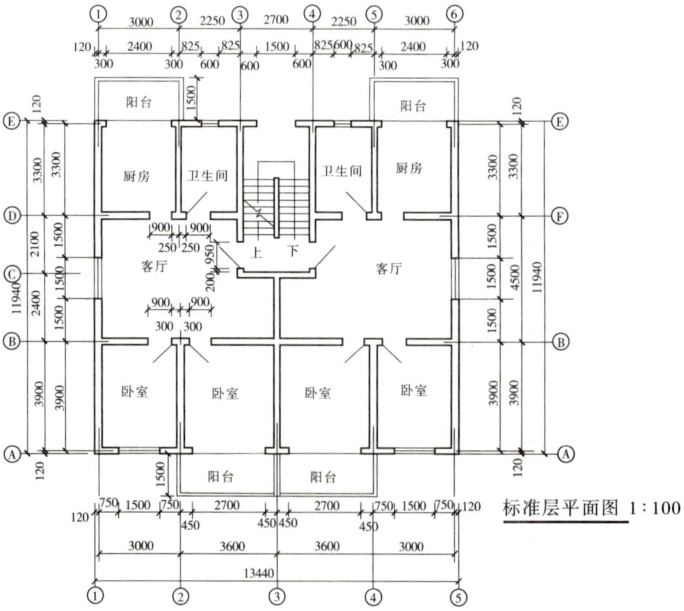


图 6-19　建筑平面绘制结果

## 二、建筑立面图的绘制

使用 AutoCAD 绘制建筑立面图，一般需要灵活应用复制、镜像、阵列、填充、块及块属性的定义和块插入等操作。立面图的绘制没有十分固定的方法，通常使用以下几种方法。

方法一：根据轴线尺寸画出竖向辅助线，依据标高确定水平辅助线，再绘制立面上的门窗。

方法二：利用平面图与立面图的对应关系，使用画线命令确定外轮廓、门窗的竖向位置；依据标高确定水平辅助线，再绘制立面上的门窗。

方法三：自下而上，先将底层立面内容绘制完成，而后绘制标准层立面内容（有时底层和标准层立面相同，此步可省略），然后复制完成各层立面的绘制，再绘制屋顶，最后补充细部。

关于立面图绘图基本环境的设置，可参照平面图的方法，结合立面图图示特点进行设置，不再赘述。如图 6-20 所示的住宅楼立面图，是第二节中图 6-10 所示的住宅楼单元标准层平面图的组合立面。以下将以图 6-20 为例，详细讲述使用上述方法三（方法一和方法二与手工尺规绘图方法类似）绘制建筑立面图的步骤，相关水平尺寸可参看图 6-19。

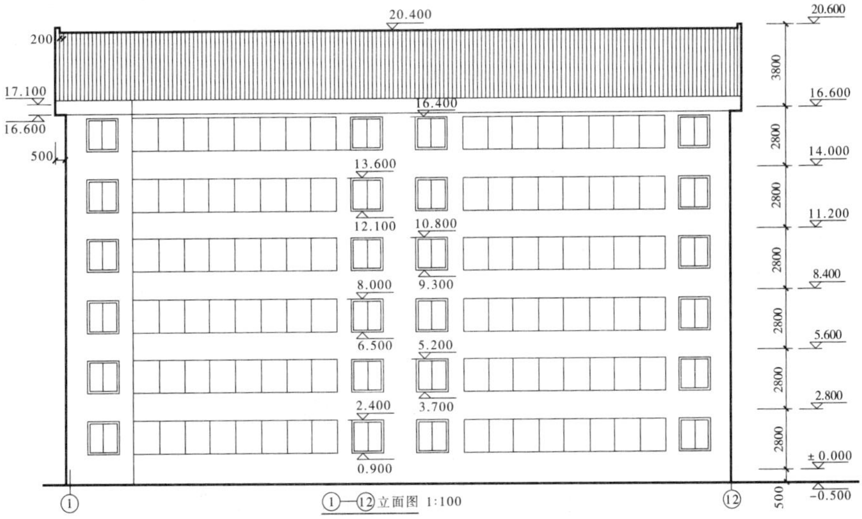


**图 6-20 住宅楼立面图**

### （一）绘制底层立面图

步骤 1：绘制地坪线及一层水平定位线，包括室外地坪线 -0.500、一层室内地面定位线 ±0.000、一层窗台水平定位线 0.900、层高定位线 2.800 等。结果如图 6-21(a) 所示。

步骤 2：绘制竖向墙面外轮廓线及窗竖向定位线。结合图 6-19 所示平面图，可以确定住宅两侧外墙轮廓线、一层最左侧窗的竖向定位线以及阳台定位线。结果如图 6-21(b) 所示。

步骤 3：绘制一层立面窗及阳台。立面图的门、窗等构件一般可做成块，便于重复使用。结果如图 6-21(c) 所示。

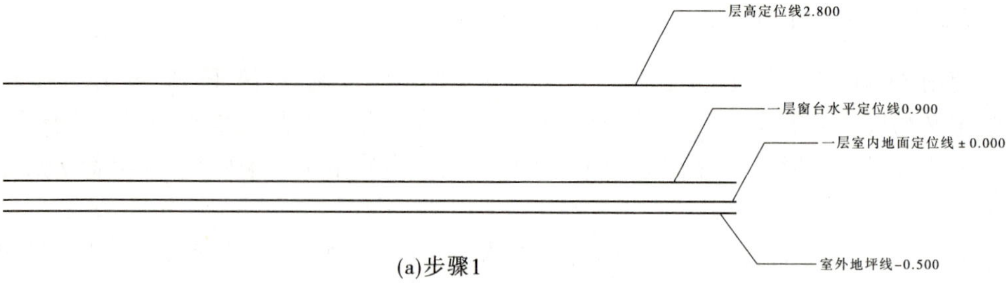


(a)步骤1

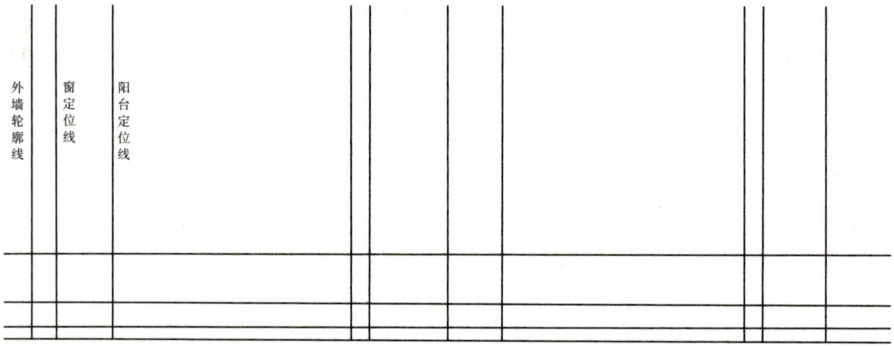


(b)步骤2

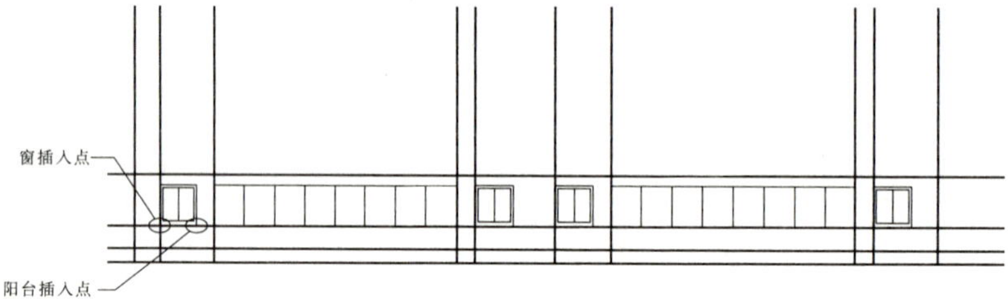


(c)步骤3

**图6-21　绘制底层立面图**

### (二)绘制二至六层立面图

将底层立面图沿层高(该立面图层高均为2.800)进行复制或阵列,结果如图6-22所示。

### (三)绘制檐口及屋顶

步骤1:根据檐口标高"16.600"、"17.100",屋顶标高"20.400"、"20.600"及屋檐挑出尺寸"500"完成屋顶的绘制。

步骤2:使用图案填充命令完成屋面部分的填充。结果如图6-23所示。

### (四)标注及图形整理

步骤1:根据各层层高定位线对窗台、窗高等进行标高标注。

步骤2:对各层层高进行竖向尺寸标注。

步骤3:标注两端外墙的定位轴线。

步骤4:删除多余图线,整理图形。

步骤5:注写图名及标题栏中文字。

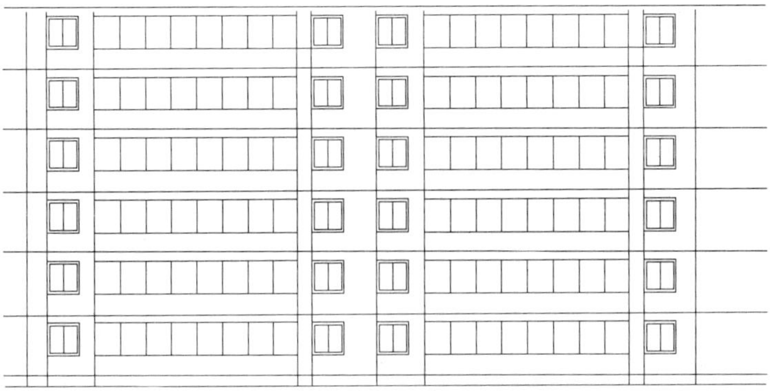

**图 6-22　绘制二至六层立面图**

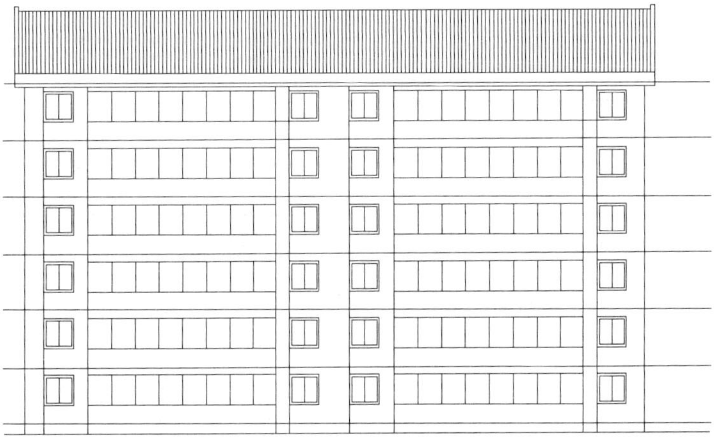

**图 6-23　绘制檐口及屋顶**

注意：以上操作需将图形绘制完成，利用“缩放”命令将图以 1∶100 的比例进行缩放后进行。最终结果如图 6-24 所示。

## 三、建筑剖面图的绘制

用 AutoCAD 绘制建筑剖面图，除楼梯部分需遵循一定的方法外，其他内容绘制的步骤和方法与立面图基本相同。所以，下面将重点介绍图 6-25 所示建筑剖面图中楼梯部分的绘制。

### （一）绘制轴线及楼地面位置线

利用画线命令结合正交功能完成轴线及楼地面位置线的绘制，结果如图 6-26 所示。

### （二）确定梯段的起止点

由图 6-25 可知，该楼梯属于等跑楼梯，各层梯段起止点均对齐，梯段起点距 D 轴 1080，梯段的水平方向长 3300，如图 6-27 所示。等跑楼梯绘制较为简单，但是应注意，当遇到不等跑楼梯时，必须结合楼梯详图确定每层梯段起止点，这是非常重要的。

### （三）绘制楼梯踏步

步骤 1：由图 6-25 可知，楼梯踏步高 150，踏步宽 300，共 12 步，11 个踏面。可先在图外侧空白处绘制出一个踏步，然后连续复制 11 步楼梯踏步。使用“镜像”命令可得到另

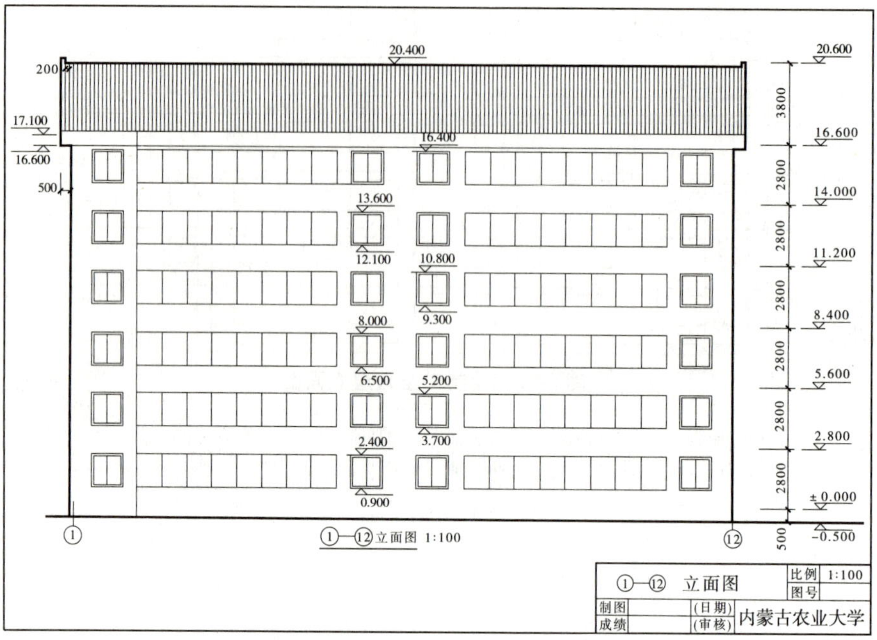


图 6-24 标注及图形整理结果

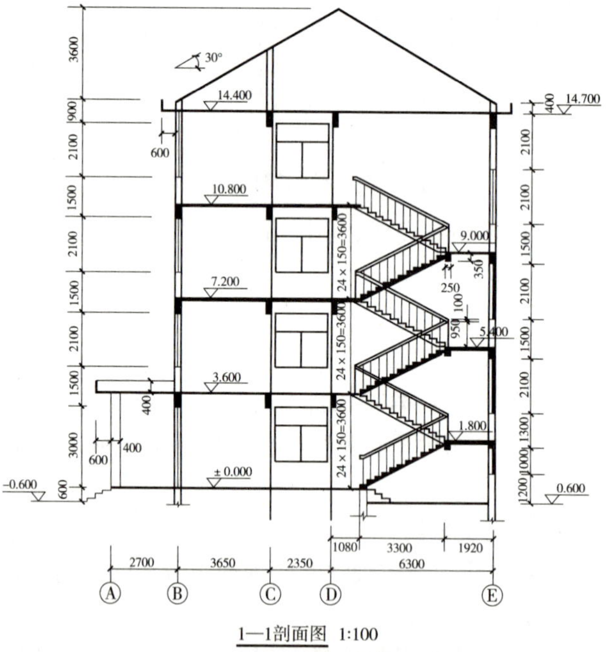


图 6-25 建筑剖面图

一方向梯段,结果如图 6-28 所示。

步骤 2:根据梯段起止点的位置将绘制好的梯段复制到各层楼面,同时绘制出各层楼板及休息平台,结果如图 6-29 所示。

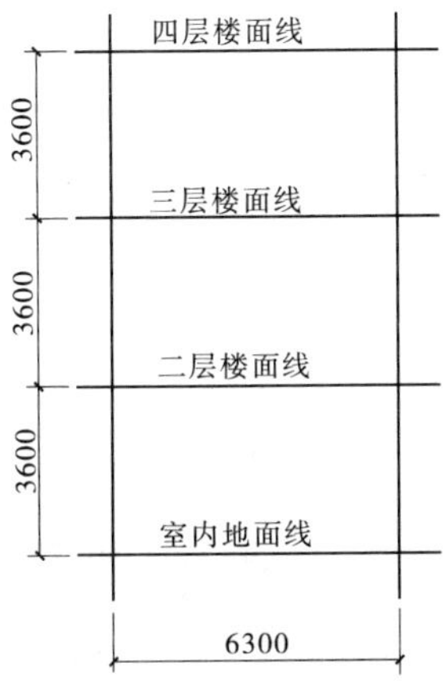


图 6-26　绘制轴线及楼地面位置线

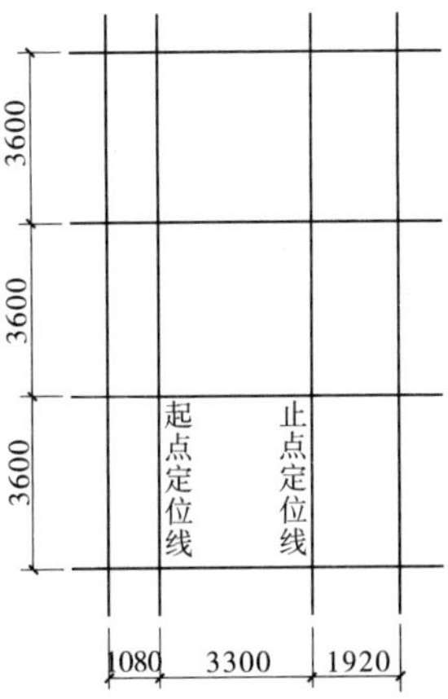


图 6-27　确定梯段的起止点

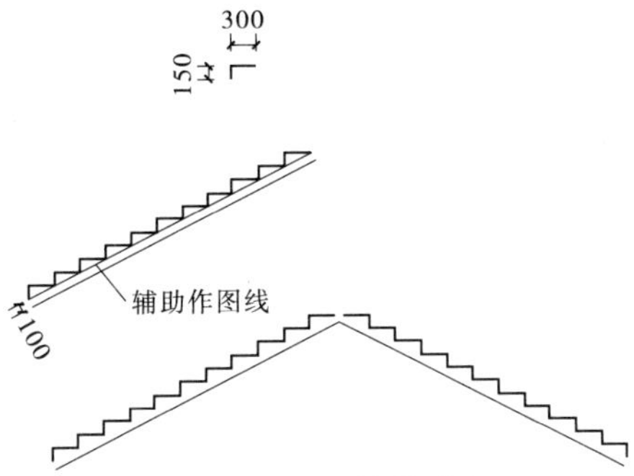


图 6-28　绘制楼梯踏步

### (四)绘制平台梁

结果如图 6-30 所示。

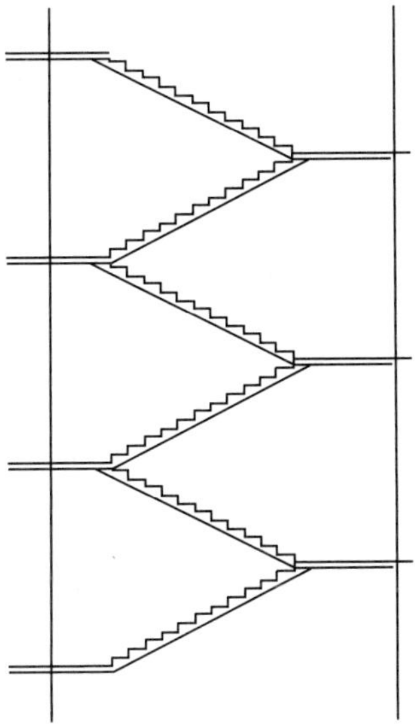

图 6-29　复制各层楼梯踏步

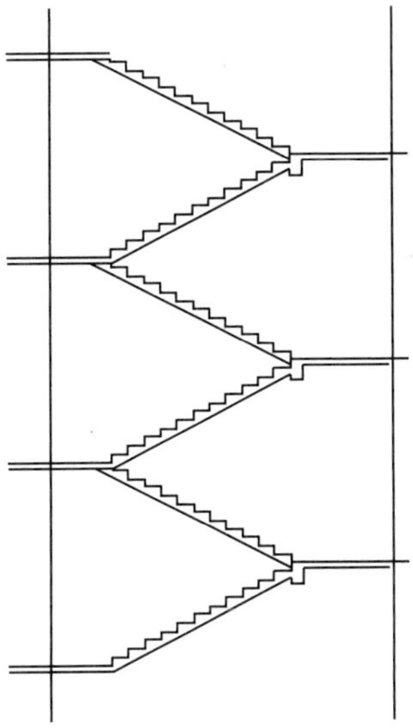

图 6-30　绘制平台梁

（五）绘制楼梯栏杆

首先完成一个梯段栏杆的绘制，然后通过镜像、复制等命令完成其他各梯段栏杆的绘制。结果如图 6-31 所示。

（六）填充断面

结果如图 6-32 所示。

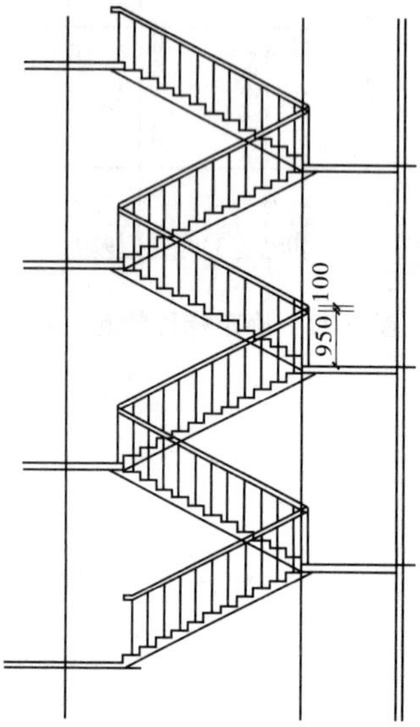


图 6-31 绘制楼梯栏杆

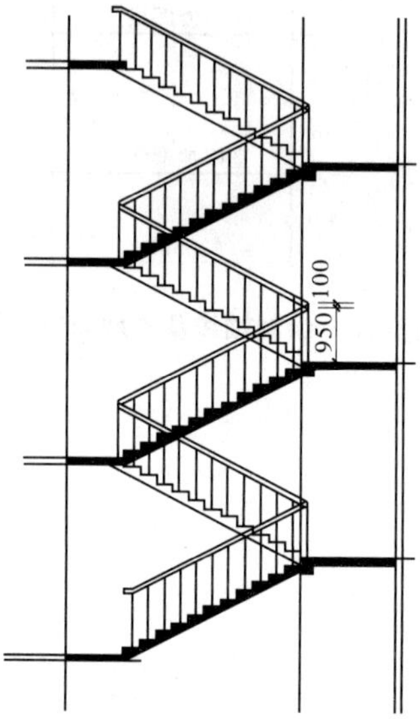


图 6-32 填充断面

# 第七章　钢筋混凝土结构图及钢结构图

钢筋混凝土结构图及钢结构图是工程图纸中最基本的一种，它表示的内容是土建结构各个构件的形状、尺寸和连接方式等。本章主要介绍钢筋混凝土结构图及钢结构图的一般规定和用 AutoCAD 绘制的方法。

## 第一节　钢筋混凝土结构图

由钢筋混凝土制成的梁、板、柱、桥墩和基础等构件组成的结构物，叫作钢筋混凝土结构。钢筋混凝土结构图表示了钢筋的布置情况，它是构件结构定位、钢筋选配绑扎、立模浇筑等的主要依据，它应包括钢筋布置图、钢筋编号、尺寸、规格、根数、钢筋成型图和钢筋数量表及技术说明等。

### 一、钢筋的基本知识

#### （一）钢筋的种类和符号

工程上使用的钢筋多由普通碳素钢及某些低合金钢热轧而成。按照强度不同，普通钢筋分为四级，在结构图中分别用不同的直径符号表示：

Ⅰ级钢筋（3 号钢）——1 级钢筋Φ；

Ⅱ级钢筋（16 锰硅）——2 级钢筋Φ；

Ⅲ级钢筋（25 锰硅）——3 级钢筋Φ；

Ⅳ级钢筋（40 硅 2 锰钒、45 硅锰钒、45 硅 2 锰钛）——4 级钢筋Φ。

#### （二）钢筋的分类和作用

根据钢筋在整个结构中的作用不同，可分为受力钢筋、钢箍、架立钢筋、分布钢筋、构造筋等，如图 7-1 所示。

（1）受力钢筋（主筋）：用来承受主要拉力；

（2）钢箍（箍筋）：用来固定受力钢筋位置，并承受一部分斜拉力和剪力；

（3）架立钢筋：一般用来固定钢筋的位置，用于钢筋混凝土梁中；

（4）分布钢筋：一般用于钢筋混凝土板或高梁结构中，用以固定受力钢筋和箍筋的位置，使荷载分布给受力钢筋并防止混凝土收缩和温度变化出现的裂缝；

（5）构造筋：因构件在构造上的要求或施工安装需要配置的钢筋。

#### （三）钢筋的弯钩和弯起

对于光圆外形的受力钢筋，为了增加它与混凝土的黏结力，将钢筋的端部做成弯钩，弯钩的形式有半圆弯钩、斜弯钩和直弯钩三种，如图 7-2 所示。根据需要，钢筋实际长度要比端点长出 6. 25$d$、4. 9$d$ 或 3. 5$d$。这时钢筋的长度要计算其弯钩的增长数值。

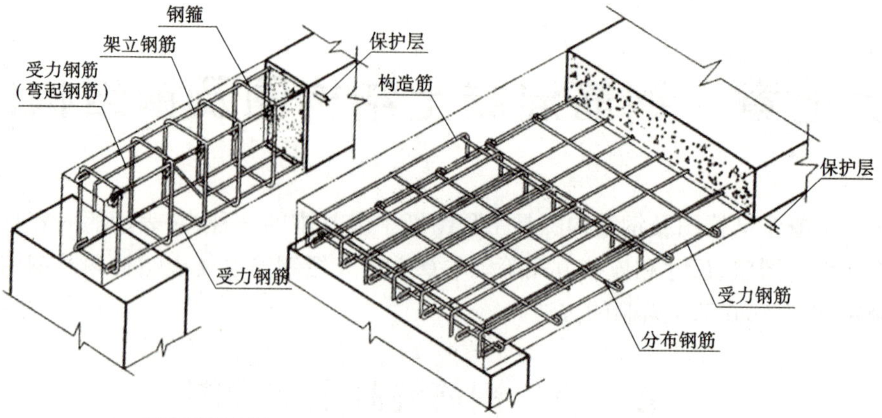


(a) 钢筋混凝土梁　　(b) 钢筋混凝土板

图 7-1　钢筋名称及保护层示意图

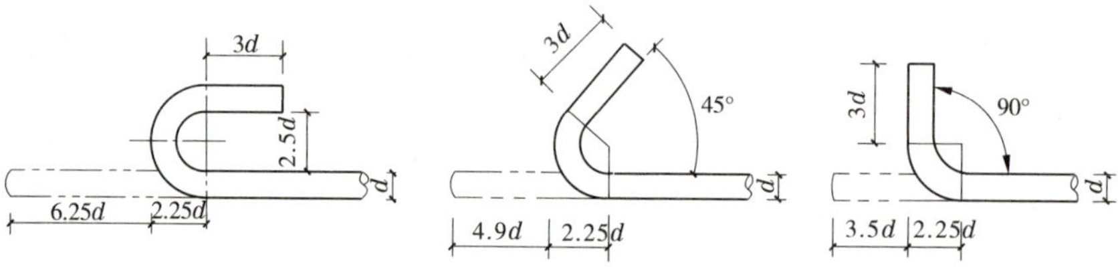


(a)半圆弯钩　　(b)斜弯钩　　(c)直弯钩

图 7-2　钢筋的弯钩

(四)保护层

为了防止锈蚀,钢筋必须全部包在混凝土中,因此钢筋边缘至混凝土表面应留有一定距离的保护层,此距离称为净距。保护层的厚度不应小于钢筋的公称直径,具体可查询《混凝土结构设计规范》。本教材中选用 20 ~ 30 mm。

(五)钢筋的编号和尺寸标注方式

在钢筋混凝土结构图中,为区分各种类型和不同直径的钢筋,要求对每种钢筋加以编号并在引出线上注明数量、规格、长度和间距。钢筋的编号和尺寸标注方式如图 7-3 所示。

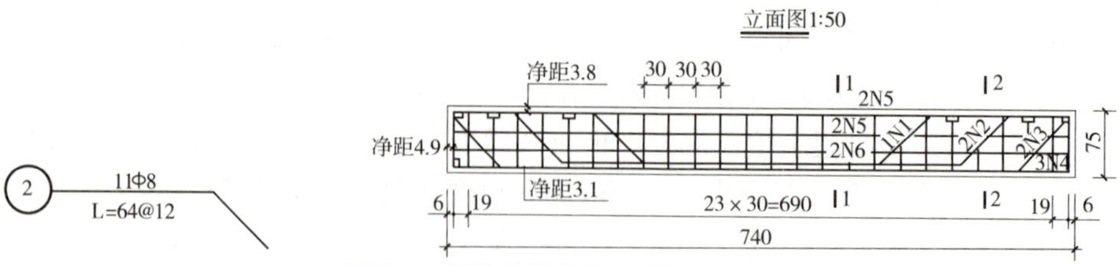


图 7-3　钢筋的编号和尺寸标注方式

如图 7-3 所示的钢筋的标注中:

(1)圆圈直径为 6 ~ 8 mm;

(2)②——钢筋编号,表示 2 号钢筋;

(3)11 Φ8——钢筋直径为 8 mm 的 HPB235 级钢筋共 11 根；
(4)L = 64——每根钢筋的断料长度为 64 cm；
(5)@——相邻钢筋中心距，@12 表示相邻钢筋中心距为 12 mm；
(6)2N3——编号 3 的钢筋有 2 根。

### (六)构件代号

建筑结构构件种类繁多，为图示简明、清晰，国标规定构件的名称用代号来表示。构件代号通常为构件类型的汉语拼音的第一个字母，常用构件代号见表 7-1。预应力钢筋混凝土构件的代号在构件代号前加注“Y –”。如 Y – KL 是预应力钢筋混凝土框架梁。代号后用阿拉伯数字标注该构件的型号或编号，也可为构件的顺序号。

表 7-1　常用构件代号

| 名称 | 代号 | 名称 | 代号 |
|---|---|---|---|
| 板 | B | 框架梁 | KL |
| 屋面板 | WB | 屋架 | WJ |
| 楼梯板 | TB | 柱 | Z |
| 过梁 | GL | 梯 | T |
| 圈梁 | QL | 桩 | ZH |
| 基础梁 | JL | 阳台 | YT |
| 楼梯梁 | TL | 构造柱 | GZ |

如图 7-4 所示预应力钢筋混凝土楼板的代号为 9 – YKB – 5 – 33 – 2，其含义如下：

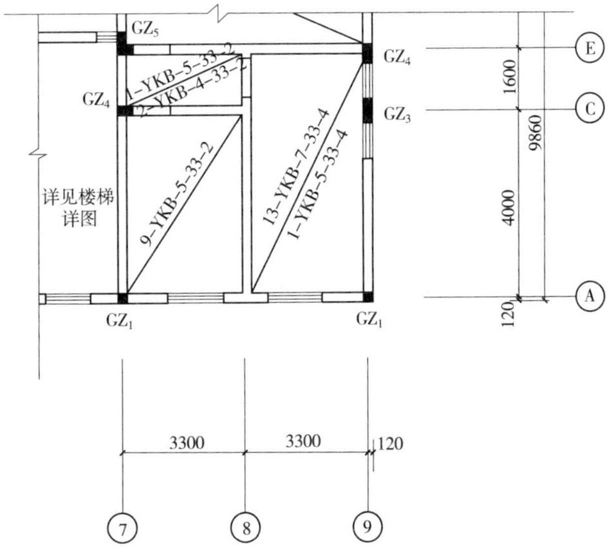


图 7-4　混凝土楼板的标注

9——预应力钢筋混凝土多孔板块数；

YKB——预应力钢筋混凝土多孔板代号；

5——宽度（5 表示 500 mm）；

33——长度（33 表示 3300 mm）；

2——两圆孔间预应力钢筋根数。

## 二、钢筋混凝土构件详图示例

配筋图着重表示构件内部的钢筋配置、形状、数量和规格，是钢筋混凝土构件详图的主要图样。钢筋混凝土构件详图用细实线表示构件的外形轮廓，用粗实线或黑圆点画出钢筋，并标注出钢筋种类的符号、直径大小、根数、间距等。下面以钢筋混凝土基础和梁的配筋图为例说明钢筋混凝土结构图的画法。

### （一）钢筋混凝土基础

图 7-5 是柱下基础的配筋图，用一个剖视图和一个断面图表示。

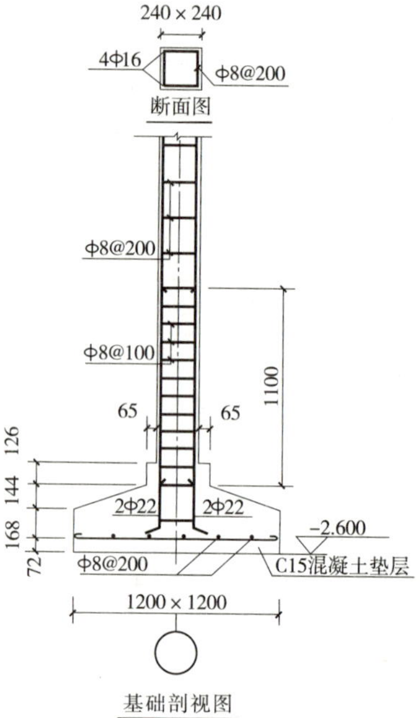


**图 7-5　基础剖视图和断面图**

可以看出：

（1）柱基础底面形状为 1200 mm × 1200 mm 的正方形，下面的垫层中是编号为 C15 的素混凝土，没有钢筋，地面埋深标高为 -2.600 m；基础的下部放置了钢筋 HRB235，直径 8 mm，间距 200 mm，以小黑点表示的钢筋断面可以按连续顺序向右画出；为了施工的需要，在基础中预放了 4 根竖直的 HRB235 筋，直径为 22 mm，露出基础 1100 mm，以便与后浇的柱的受力筋搭接。在搭接区内要加密钢箍，在 1100 mm 的搭接区内，钢箍加密为 Φ 8@ 100。钢箍内侧的 45°斜短线表示钢筋的断点。

（2）柱的移出断面图中，标注了柱的断面尺寸（240 × 240），受力筋为 4 Φ 16，箍筋采用ϕ 8@200 布置。用引出线标注钢筋或钢箍时，端点用中粗实线的 45°斜短线表示，从钢筋的断面图小黑点引出标注时，则不画斜短线，如图 7-6 所示。

(3)图中的点画线是基础的定位轴线，圆圈内写定位轴线的编号，本图为通用详图，故圆圈内没写编号。

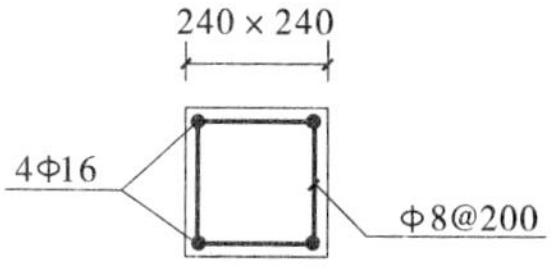


图 7-6　钢筋的断面图标注

**(二)钢筋混凝土梁**

钢筋混凝土梁一般用立面图和断面图来表示梁的外形尺寸和钢筋配置。图 7-7 是某住宅的钢筋混凝土梁 L－1 的立面图和断面图。

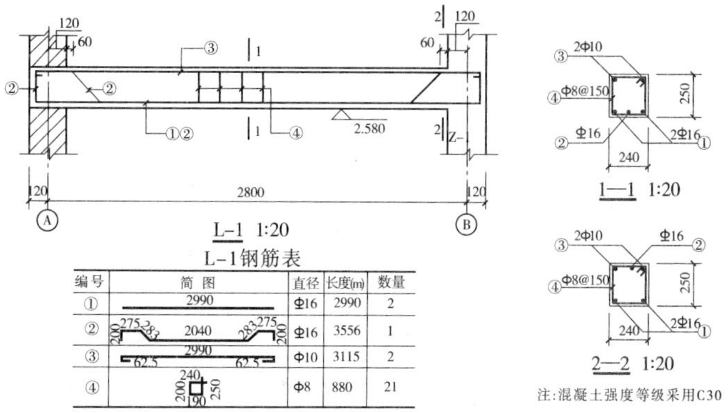


L－1钢筋表

| 编号 | 简图 | 直径 | 长度(m) | 数量 |
|---|---|---|---|---|
| ① | 2990 | Φ16 | 2990 | 2 |
| ② | 200 275 283 2040 283 275 200 | Φ16 | 3556 | 1 |
| ③ | 62.5 2990 62.5 | Φ10 | 3115 | 2 |
| ④ | 240 200 190 250 | Φ8 | 880 | 21 |

图 7-7　钢筋混凝土梁详图

可以看出：

(1)L－1 的一端搁置在定位轴线编号为 A 的砖墙上，另一端搁置在定位轴线编号为 B 的柱 Z－1 上。梁的跨度为 2800 mm，梁长 3040 mm，梁底标高为 2.58 m。从断面图可知，梁宽 240 mm，梁高 250 mm。

(2)通过立面图和两个断面图可知梁的配筋情况。梁的下部配置三根直径为 16 mm 的 HRB335 钢筋，作为受力钢筋，其中一根在离支座 60 mm 处成 45°角弯起；在梁的上部配置 2 根ϕ 10 的架立钢筋。由于投影重叠的关系，三根受力钢筋和两根架立钢筋在立面图中表示为下部一条粗实线和上部一条粗实线。立面图中箍筋采用简化画法，只画出三至四道钢箍，在梁中均匀分布，并在断面图中标注了ϕ 8@150。

(3)钢筋的编号，按照《房屋建筑制图统一标准》的规定，以直径为 6 mm 的细实线圆表示，其编号用阿拉伯数字按顺序编写在圆内。标注方法如图 7-7 所示，并列出了钢筋表。

# 第二节　钢结构图绘制简介

钢结构是由各种形状的型钢，经焊接或螺栓连接组合而成的构造物，常用于大跨度、高层建筑或工业厂房中。

## 一、型钢的图例及标注

部分型钢的图例及标注如表 7-2 所示。

**表 7-2　部分型钢的图例及标注**

| 序号 | 名称 | 截面 | 标注 | 说明 |
| --- | --- | --- | --- | --- |
| 1 | 等边角钢 |  | 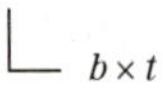 | b 为肢宽<br>t 为肢厚 |
| 2 | 不等边角钢 |  | 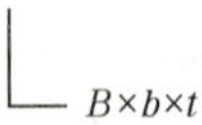 | B 为长肢宽<br>b 为短肢宽<br>t 为肢厚 |
| 3 | 工字钢 |  | 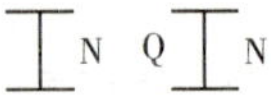 | 轻型工字钢加注 Q 字<br>N 为工字钢的型号 |
| 4 | 槽钢 |  | 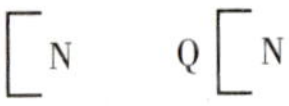 | 轻型槽钢加注 Q 字<br>N 为槽钢的型号 |
| 5 | 扁钢 | 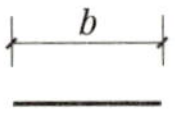 | $-b\times t$ | 宽 × 厚 |
| 6 | 钢板 |   | $\frac{-b\times t}{l}$ | $\frac{宽\times厚}{板长}$ |

## 二、焊接及其图示方法

在焊接的钢结构图中，必须把焊缝的位置、形式和尺寸标注清楚。按国标规定，焊缝应用焊缝代号标注。焊缝代号如图 7-8 所示，由带箭头的引出线、辅助符号、焊缝尺寸和图形符号组成。

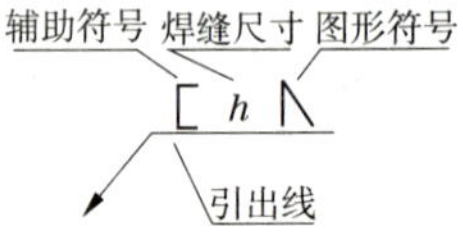

**图 7-8　焊缝代号**

常用焊缝的图形符号和辅助符号如表 7-3 所示。

**表 7-3　常用焊缝的图形符号和辅助符号**

| 焊缝名称 | 图形符号 | 符号名称 | 辅助符号 | 标注方法 |
| --- | --- | --- | --- | --- |
| V形焊缝 |  | 周围焊 |  |  |
| 角焊缝 |  | 三面焊 |  |  |
| I 形焊缝 |  | 现场焊 |  | 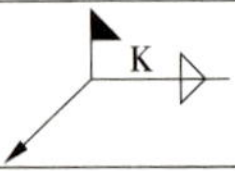 |
| 点焊缝 |  | 相同焊 |  | 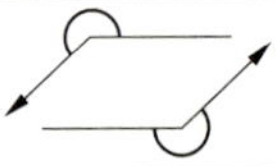 |

## 三、螺栓连接及其图示方法

螺栓连接拆装方便，便于维护，其图例如表 7-4 所示。

**表 7-4　部分螺栓连接图例**

| 名称 | 图例 | 名称 | 图例 |
| --- | --- | --- | --- |
| 永久螺栓 |  | 安装螺栓 |  |
| 高强螺栓 |  | 圆形螺栓孔 |  |

上述各种钢结构图例均可采用本章及前述章节介绍的绘图命令完成。

## 四、桁架结构图

桁架是用节点板将杆件连接而成的一种常用钢结构。在桁架结构图中，除常用的视图表达方法外，还有以下两种图示方法：

(1)桁架简图。在简图中，各杆件用单线表示，节点板用杆件的交点表示，沿杆件注明节点间距。简图常用 1∶100 或 1∶200 的比例尺画出，如图 7-9(a)所示。

(2)节点图。节点图是一放大的局部视图，用来表示汇集于该节点的各杆件及节点板的连续情况，同时也详细标注了杆件的编号、规格、大小及节点板的形状。节点图一般用 1∶10、1∶5等较大的比例画出，如图 7-9(b)所示。

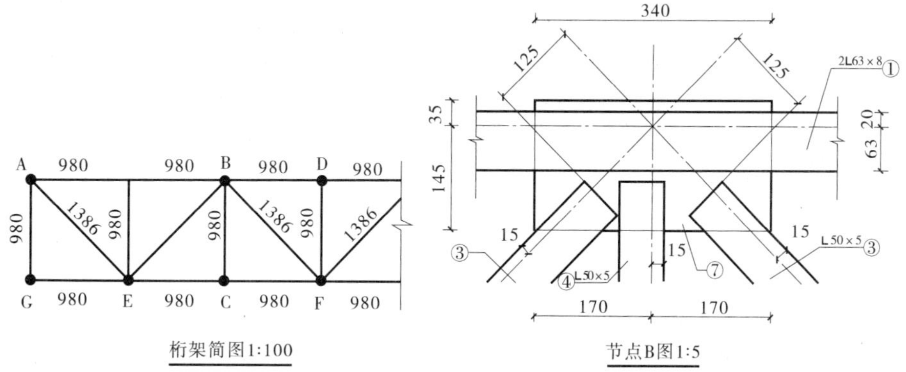


(a)　　　　(b)

**图 7-9　桁架结构图**

以节点 B 为例，从图 7-9 可知，节点 B 是上弦杆与三根腹杆的连接点，上弦杆①是两根等边角钢∟63×8，竖杆④和左右两边的斜杆③都是由等边角钢∟50×5 组成的，节点板⑦是一块厚为 8 的 340×180 的矩形钢板。在节点图中，详细地标注了各杆件的端面与节点中心的距离，如图中的 63、145 等，根据这些尺寸，在加工中可以将杆件准确定位。

# 第八章　道路及桥梁工程图

道路是一种承受车辆、行人等移动荷载反复作用的带状构筑物。道路的基本组成包括路基、路面、桥梁、涵洞、隧道、防护工程等构造物。道路工程图由表达道路整体状况的路线工程图(公路路线工程图和城市道路路线工程图)和表达各工程实体构造的桥梁、涵洞、隧道等工程图组成。

由于篇幅所限，本章遵守《道路工程制图标准》(GB 50162—92)的有关规定，只介绍了公路路线平面图、桥墩构造及配筋图绘制和阅读的方法，并举例说明了 AutoCAD 的作图过程。

## 第一节　公路路线工程图

公路路线工程图用于表达公路路线的平面位置、线型状况、沿线的地形和地物，纵断面标高与坡度，路基宽度和边坡，路面结构，土壤地质情况以及路线上的配套建筑物(如桥梁、涵洞、隧道、挡土墙等)的位置及其路线的相互关系。如图 8-1 所示是某公路从 K5 + 500 至 K7 + 500 段的路线平面图。

### 一、路线平面图的常用表达

#### (一)水准点

沿路线每隔一段距离就需要设水准点，作为测量周围标高的依据。用直径为 6 mm 的圆“⧓”表示。每个水准点要编号，并注明标高，例如⧓$\frac{\mathrm{BM11}}{47.085}$，BM11 表示路线的第 11 个水准点，该点标高为 47. 085 m。

#### (二)里程桩

里程桩用来表示公路路线的总长度与各段之间的长度，具体通过里程桩号来表示。在图纸上，里程桩号的标注应从路线的起点至终点，按从小到大、从左向右的顺序编号。里程桩有公里桩和百米桩两种，公里桩宜标注在路线前进方向的左侧，用符号“◑”表示，公里数书写在符号的上方，如“K7”表示离起点 7 km。百米桩宜标注在路线前进方向的右侧，用垂直于路线的细短线和“1”至“9”的数字表示，数字写在细短线的端部，字头朝上。例如，在 K7 桩前方的“2”，表示桩号为 K7 + 200，说明该点距路线起点为 7200 m。

#### (三)路线平面图的拼接

由于公路路线较长，不可能将整个路线平面图画在同一张图纸内，因此需分段绘制在若干张图纸上，使用时再将各张图纸拼接起来。每张图纸的右上角应画有角标，角标内应注明该张图纸的序号和总张数。在最后一张图纸的右下角绘制标题栏。

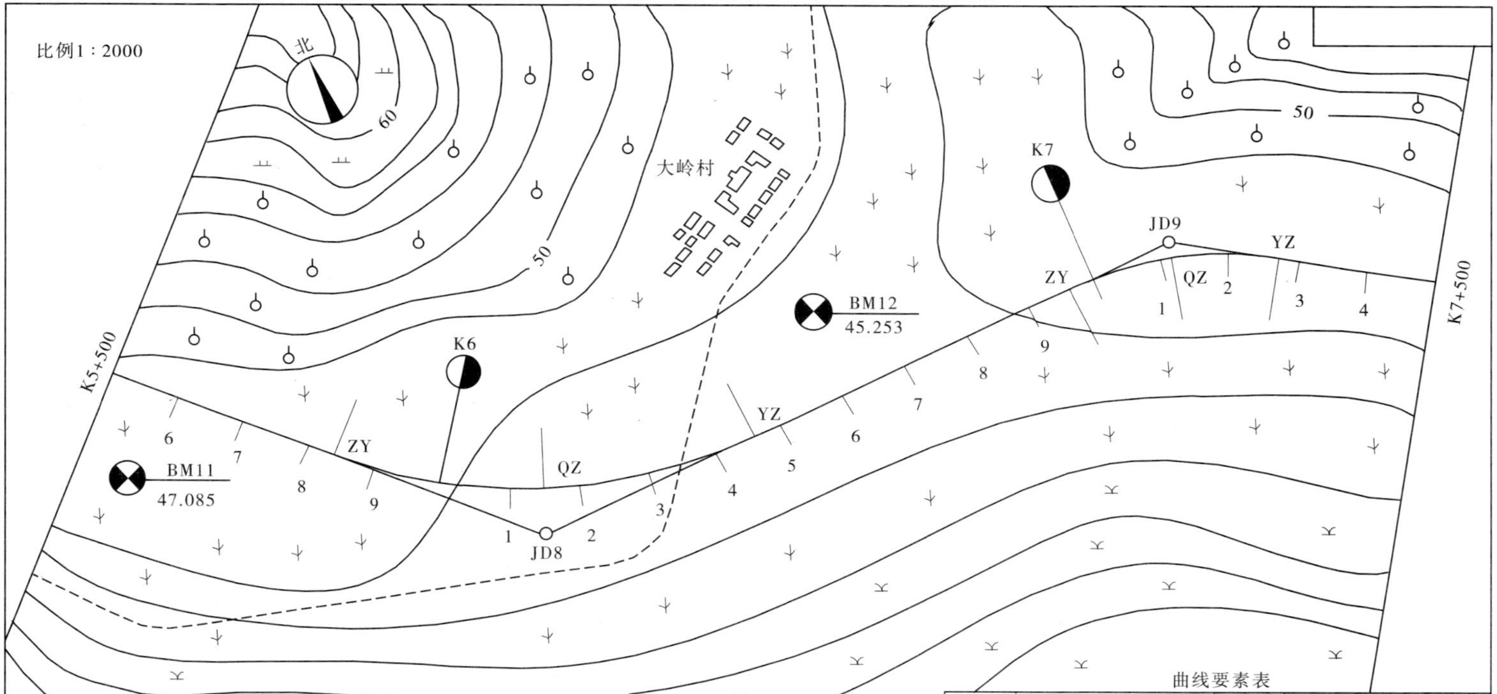


曲线要素表

| NO | α Z | α Y | R | T | L | E |
|---|---|---|---|---|---|---|
| JD8 | 48°21′05″ | | 750 | 331.56 | 625.46 | 69.07 |
| JD9 | | 35°18′14″ | 500 | 152.76 | 331.07 | 28.16 |

图 8-1　某公路路线平面图

**（四）曲线要素表**

公路路线在平面上是由直线段和曲线段组成的，在路线的转折处应设平曲线。最常见、最简单的平曲线为圆弧，其基本的几何要素如下：JD 为转角点，是路线上两相邻直线段的理论交点；$\alpha$ 为转折角，是路线前进时向左（$\alpha_Z$）或向右（$\alpha_Y$）偏转的角度；$R$ 为圆曲线半径，是连接圆弧的半径长度；$T$ 为切线长，是切点与转角点之间的长度；$E$ 为外距，是曲线中点到转角点的距离；$L$ 为曲线长，是圆曲线两切点之间的弧长。对于转角点，用小圆圈标出其位置，并依次进行编号。

### 二、公路平面图的阅读

通过阅读图 8-1 可以知道，新设计的这段公路是从 K5 +500 处开始，由西北地势较平缓处引来，在转角点 JD8 处向左转折，$\alpha_Z=48°21'05''$，圆曲线半径 $R=750$ m，通过虚线表示的小路后，到转角点 JD9 处向右转折，$\alpha_Y=35°18'14''$，圆曲线半径 $R=500$ m，公路向东延伸。图中表达的这段公路到 K7 +500 处，共 2 km 长。

## 第二节　桥梁工程图

桥梁是供铁路、道路、渠道、管线、行人等跨越河流、山谷或其他交通线路等各种障碍物时所使用的承载结构物，通常由上部结构和下部结构两部分组成。

### 一、桥墩构造图

桥墩是多跨桥梁的下部结构，修筑在桥梁基础上，支承主梁或拱圈。如图 8-2 所示为某桥桥墩的一般构造图，该桥墩由墩帽（或盖梁）、立柱、承台和基桩组成。构造图由立面图、侧面图和 1—1 剖面图组成，由于桥墩左右对称，故立面图和剖面图均只画了一半。根据所标注的剖切位置可以看出，1—1 剖面图实质上为承台平面图，承台为长方体，长 1500 cm，宽 200 cm，高 150 cm。承台下的基桩分两排交错呈梅花形布置，施工时先将预制桩打入地基，下端到达设计深度（标高）后，再浇筑承台，桩的上端深入承台 80 cm，在立面图中这一段用虚线绘制。承台上有五根圆形立柱，直径为 80 cm，高为 250 cm，立柱上面有墩帽（或盖梁），墩帽（或盖梁）的全长为 1650 cm，宽为 140 cm，高度在中部为 116 cm，在两端为 110 cm，使桥面形成 1.5% 的横坡。墩帽（或盖梁）的两端各有一个 20 cm×30 cm 的抗震挡块，是为防止空心板移动而设置的。

### 二、桥墩配筋图

桥墩的各部分均是钢筋混凝土结构，需要绘制钢筋布置图。图 8-3 为桥墩墩帽（或盖梁）配筋图，由立面图、1—1 和 2—2 横断面图，以及钢筋详图等组成。立面图比例为 1∶30，由于墩帽（或盖梁）内钢筋较多，所以为了将其内部钢筋表达清楚，采用更大的绘图比例 1∶20。墩帽内共配有九种钢筋：在顶层有 13 根①号钢筋；在底层有 11 根②号钢筋；③号弯起钢筋有 2 根；④、⑤、⑥号是加强斜筋；⑧号箍筋布置在墩帽的两端，且尺寸依截面的变化而变化；⑨号箍筋分布在墩帽（或盖梁）的中部，间隔为 10 cm 或 20 cm，立面图

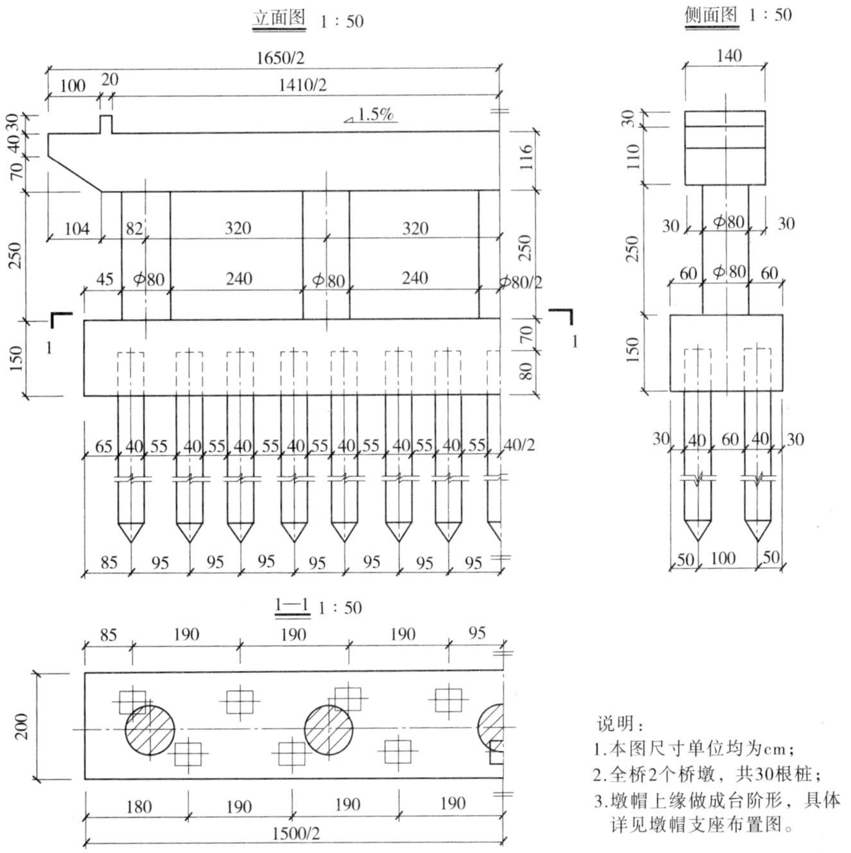


图 8-2 桥墩构造图

中注出了其具体位置；为了增强墩帽（或盖梁）的横向刚度，在两侧各布置了 7 根⑦号腰筋。由于篇幅所限，桥墩其他部分如立柱、承台的配筋图略。

# 第三节 工程图绘图举例

为了使读者能够更快地投入到实际工程图的绘图工作中，检验前面几章介绍的各种绘图及修改编辑命令的学习效果，下面介绍双塔斜拉桥桥型布置图的绘制，如图 8-4 所示。

## 一、基本绘图环境设置

### （一）设置绘图界限

为了方便绘图，先设置图形界限进行 1∶1绘图。根据桥型布置图的总体尺寸，设置图形界限为（0，0）至（50000，20000），执行“视图→缩放→全部”命令，使设定的绘图界限全部显示在绘图区域内。

### （二）设置图层

参考图 8-5 设置图层。

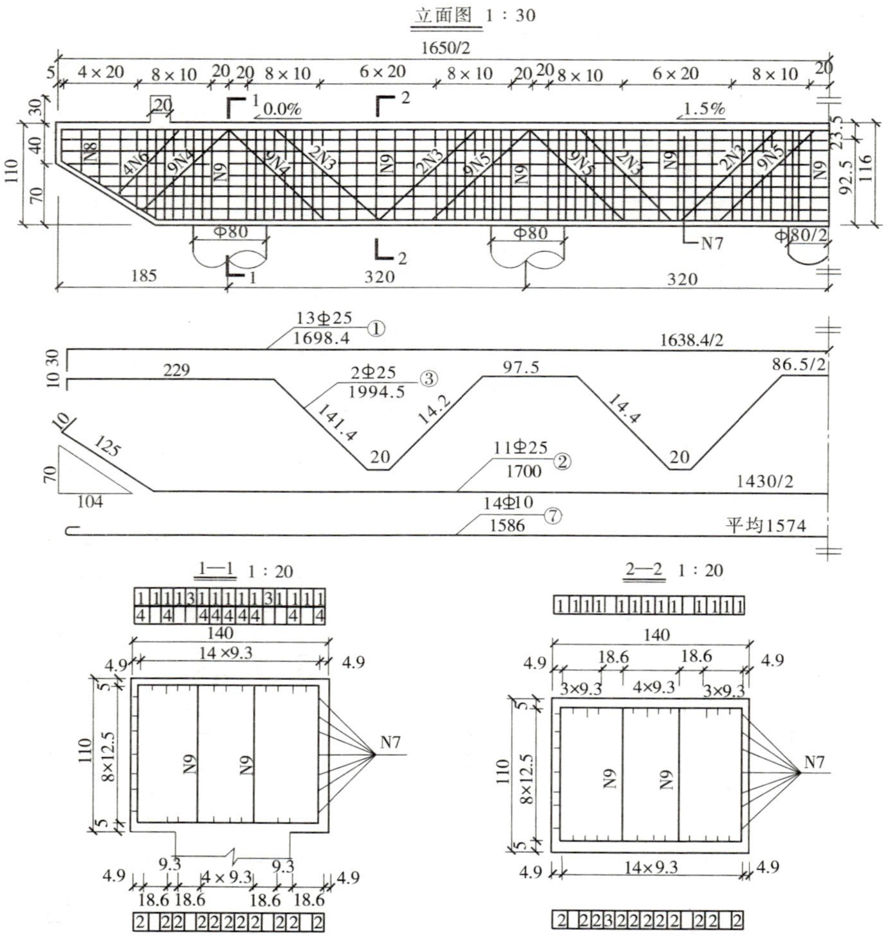


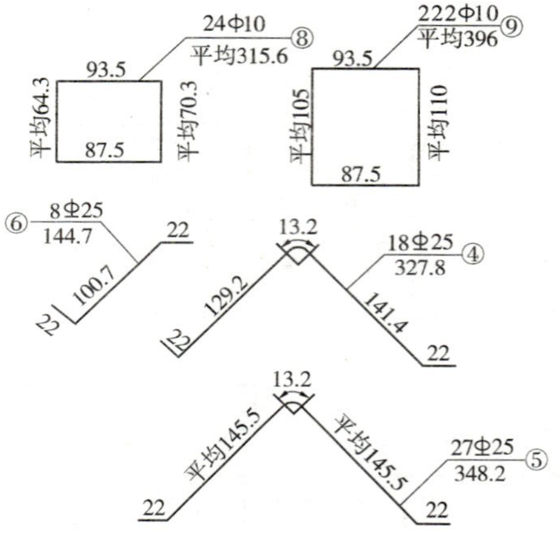


一个墩帽钢筋明细表

| 编号 | 直径 (mm) | 根数 | 每根长度 (cm) | 总长 (m) | 总质量 (kg) |
|---|---|---|---|---|---|
| 1 | Φ25 | 13 | 1698.4 | 220.8 | 850.0 |
| 2 | Φ25 | 11 | 1700 | 187.0 | 720.0 |
| 3 | Φ25 | 2 | 1994.5 | 39.9 | 153.6 |
| 4 | Φ25 | 18 | 327.8 | 59.0 | 227.2 |
| 5 | Φ25 | 27 | 348.2 | 94.0 | 362.0 |
| 6 | Φ25 | 8 | 144.7 | 116 | 44.7 |
| 7 | Φ10 | 14 | 1586 | 222 | 137.0 |
| 8 | Φ10 | 24 | 315.6 | 75.7 | 46.7 |
| 9 | Φ10 | 222 | 396 | 879.1 | 542.4 |

说明:

1. 本图尺寸除钢筋直径以mm计外,其余均以cm计;
2. N4、N5钢筋上下端与N1、N2钢筋焊接在一起,除N4、N5上端采用点焊外,其余均采用双面焊缝,焊缝长度为13 cm;
3. 所有弯起钢筋的弯起角为45°。

**图 8-3 桥墩墩帽(或盖梁)配筋图**

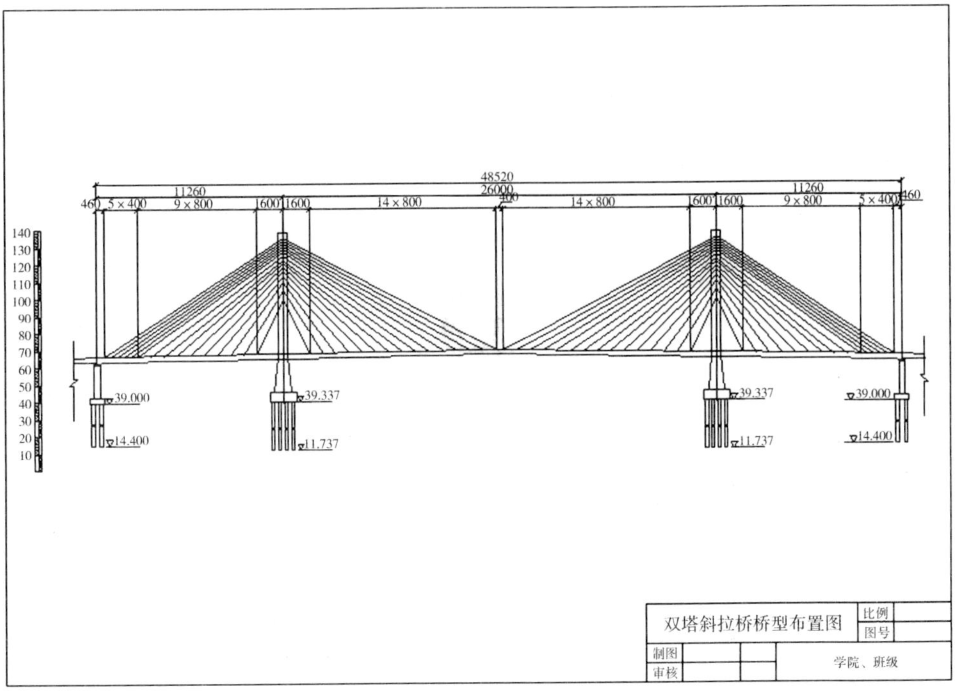


图 8-4　双塔斜拉桥桥型布置图

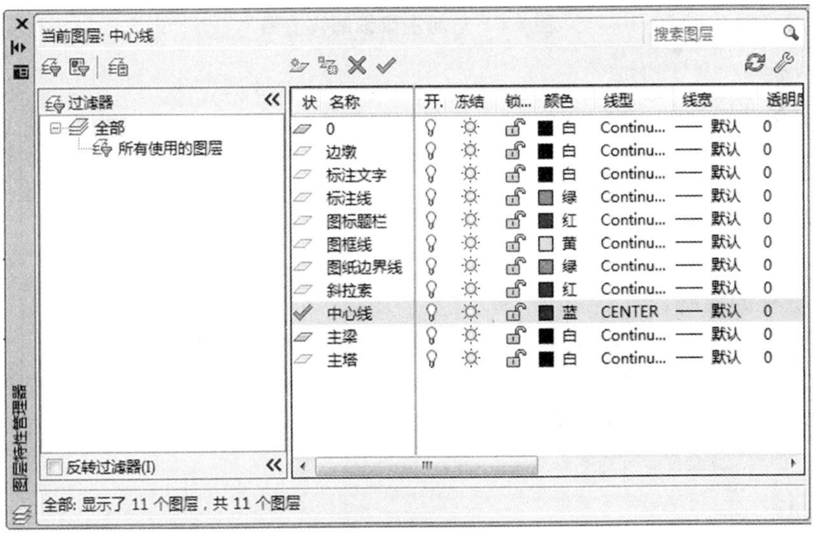


图 8-5　图层设置

## (三)设置文字样式和尺寸标注样式

均参照第四章中的内容进行设置。

## (四)设置出图比例

根据布置图的设计尺寸和 A3 图幅出图的要求，设置绘图比例为 1∶150，并将尺寸标注样式中的主单位比例改为 150。

## 二、主梁的绘制

根据工程实体的特点，先绘制半桥的主梁，然后利用镜像功能得到全桥的主梁。绘制步骤如下。

**（一）绘制主塔中心线**

选择“中心线”图层，然后利用 Line 命令绘制长度为 10650 mm 的主塔中心线。

**（二）绘制主梁顶面线**

选择“主梁”图层，然后绘制主梁顶面线，左侧长度为 12640 mm，右侧长度为 13000 mm。

**（三）绘制主梁底面线**

由于主梁梁高为 2.9 m，所以利用 Offset 命令，设置偏移距离为 290 mm。

**（四）绘制边跨主梁细部构造**

尺寸如图 8-6 所示。

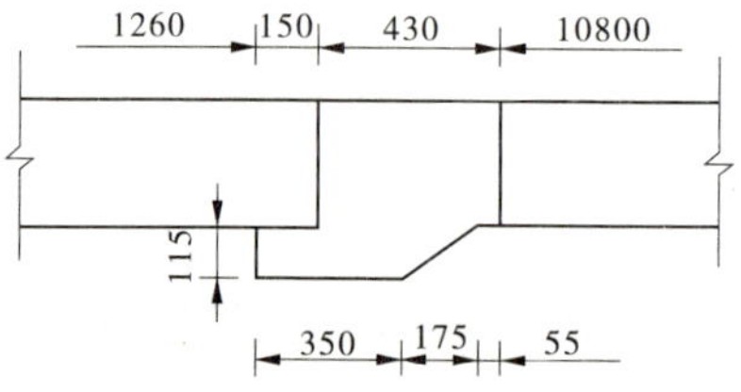


**图 8-6　边跨主梁细部构造图**

## 三、主塔的绘制

**（一）塔柱和承台的绘制**

由于塔柱左右对称，所以考虑先绘制半边结构，然后利用镜像命令进行绘制，如图 8-7所示。

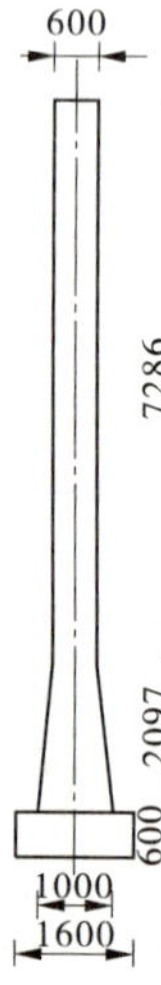


**图 8-7　主塔的绘制**

**（二）桩柱的绘制**

首先根据尺寸绘制单根桩柱，然后采用视图菜单下的缩放→窗口命令来将局部视图放大，利用 Arc 命令绘制截断线，如图 8-8 所示，最后利用 Arrayrect 命令绘制多根桩柱，如图 8-9 所示。截断线的绘制方法如下：

命令：Arc

指定圆弧的起点或［圆心(C)］：C

指定圆弧的圆心：FROM

基点：（利用捕捉自功能选择上左截断点 A 为基点）

<偏移>:@50,65　（指定圆弧的圆心位置 B 点）

指定圆弧的起点：（重新利用捕捉自功能选择上左截断点 A 点）

指定圆弧的端点或［角度(A)/弦长(L)］：FROM

基点：（利用捕捉自功能选择上左截断点 A 为基点）

<偏移>:@100,0 （指定圆弧的第二个端点C点,即桩柱截断截面的中心点）

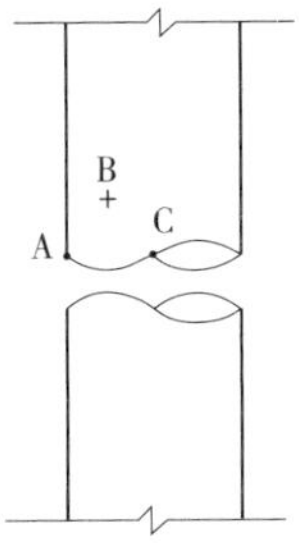


图 8-8　绘制截断线

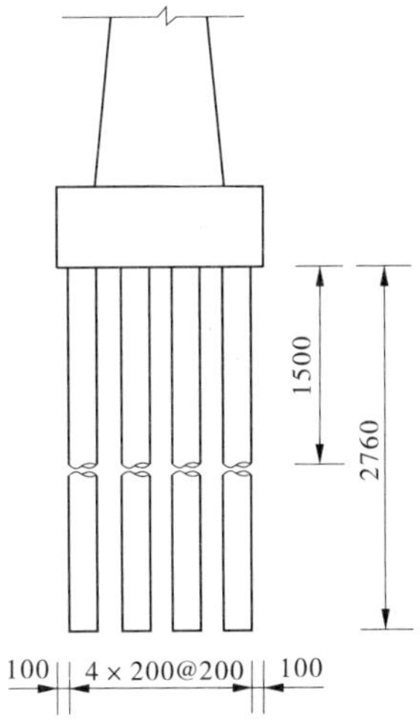


图 8-9　绘制桩柱

以上完成了一条截断线的绘制,然后利用 Copy 和 Mirror 命令完成其余截断线的绘制。

## 四、斜拉索的绘制

首先将图层切换到斜拉索图层,然后利用作辅助线的方式确定主梁与主塔上斜拉索的位置,最后利用直线命令将主梁上的拉索点与主塔上的拉索点连线,即完成该部分的绘制工作。

### (一)主梁上拉索点位置的确定

先利用 Line 命令在塔中心处绘制长 18 mm 的辅助线,再利用 Offset 命令,将画出的辅助线进行偏移,得到第一个拉索点的位置。对于中跨,第一个拉索点离塔柱中心处距离为 1600 mm,其余主梁上拉索点之间的间距都是 800 mm,中跨共 30 根拉索,左右对称,各为 15 根,为方便操作,可以用矩形阵列 Arrayrect 命令来实现。

接下来进行边跨拉索点辅助线的绘制,方法同前,只不过注意向左阵列时间距应输入负值。首先利用偏移命令将塔中心处的辅助线向左偏移 16 m,然后利用矩形阵列命令将辅助线继续向外偏移 9 个 8 m 和 5 个 4 m 间距的拉索。绘制完成后将塔中心处的辅助线予以删除。

### (二)主塔上拉索点位置的确定

首先作过塔顶平面的一条辅助线,由于主塔上各索点的间距不同,故不能用矩形阵列命令进行绘制,只能用偏移命令进行绘制。往下的拉索点间距分别为 388.89、152.94、153.17、153.44、153.74、163.90、214.85、218.34、223.24、230.38、241.43、305.68、337.50、440.75、617.50(单位均为 mm),绘制完成后的图形如图 8-10 所示。

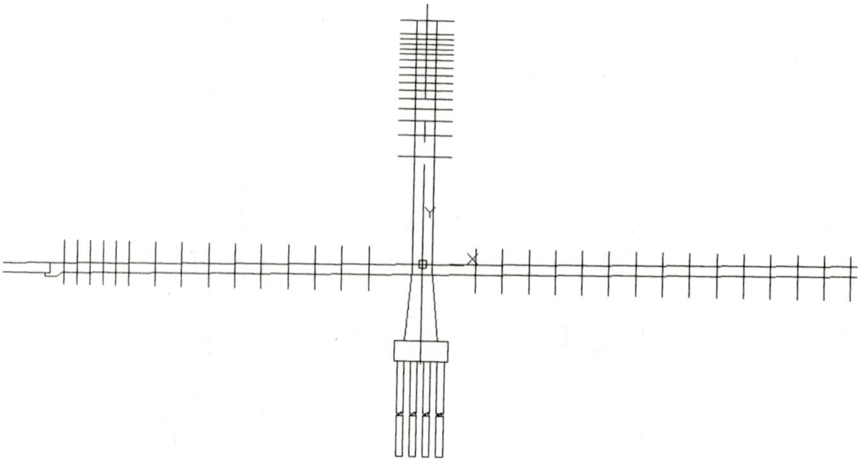

图 8-10　绘制主梁和主塔上拉索辅助线

**（三）斜拉索的绘制**

利用直线命令，同时借助对象捕捉功能，将主塔上的拉索点与主梁上的拉索点连接起来，然后将上述绘制的辅助线全部予以删除，绘制完成的图形如图 8-11 所示。

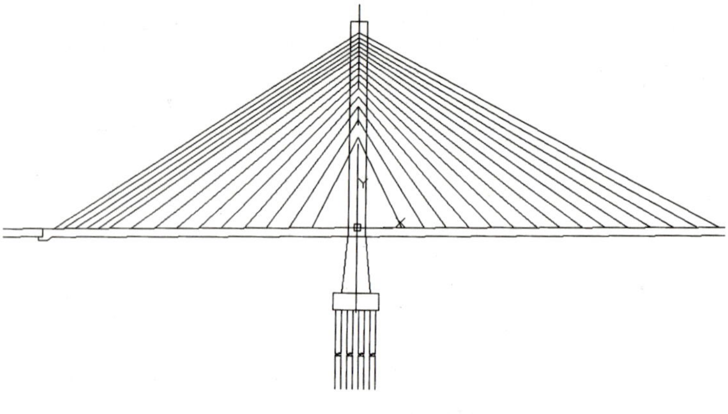

图 8-11　斜拉索的绘制

## 五、边墩的绘制

首先将图层改为边墩图层，利用矩形命令绘制支座、边墩墩身、承台；对于桩柱，可以复制主塔下的桩柱，并以 2 ×200@ 300、长度为 2460 mm 的尺寸绘制，如图 8-12 所示。

## 六、整桥的绘制与标注

**（一）全桥图形的绘制**

绘制完成半个桥型的图形后，只要对半桥进行镜像操作，就可以得到整个桥型的图形，如图 8-13 所示。

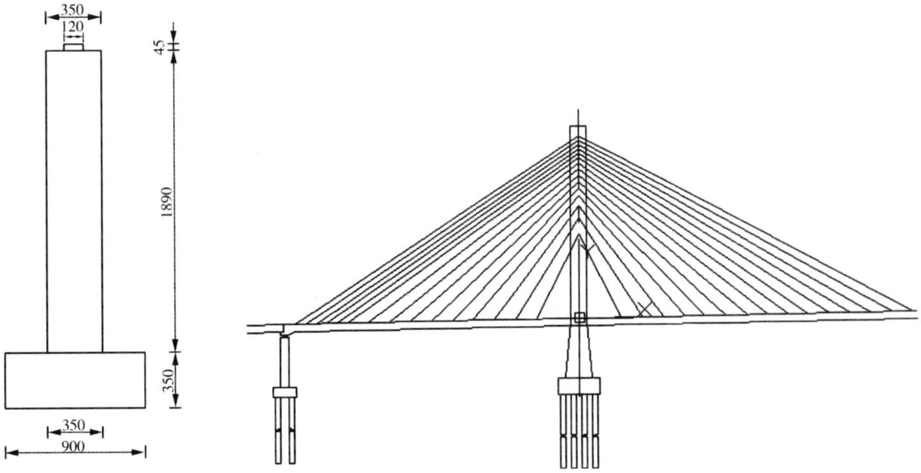


**图 8-12　绘制边墩桩柱**

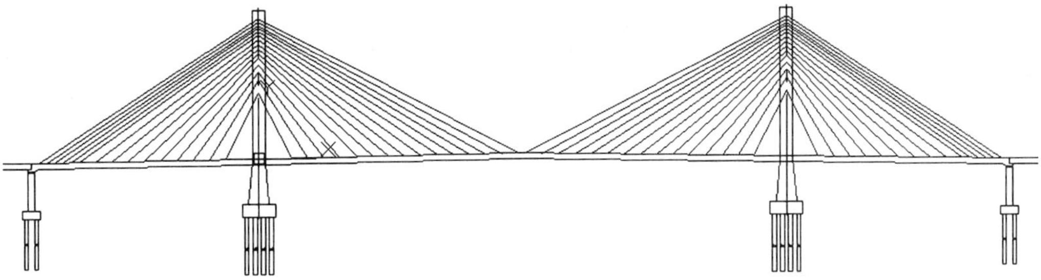

**图 8-13　镜像完成后的全桥图形**

## （二）尺寸标注

绘制完以上图形后，进行必要的检查，检查无误后按 1∶150 比例缩放，然后进行尺寸标注，如图 8-14 所示。

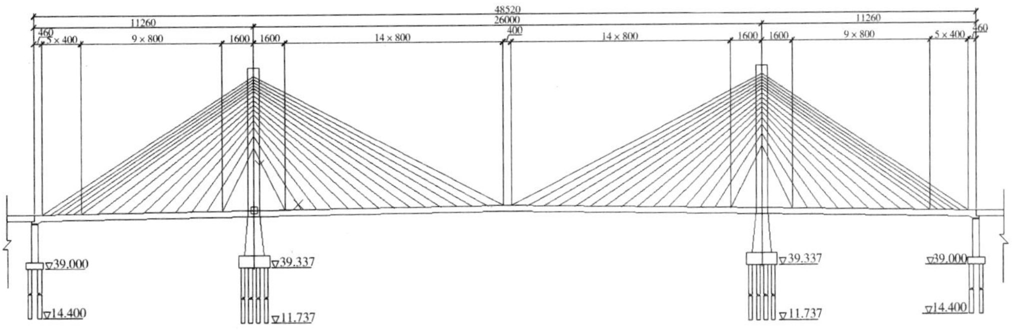


**图 8-14　修改完标注后的图形**

## 七、水准标尺的绘制

水准标尺的绘制采用先作单个标段，再填充的方式来完成，然后采用阵列命令，完成其他标段的绘制工作。将填充比例修改为 0.05，则填充后的效果如图 8-15 所示。

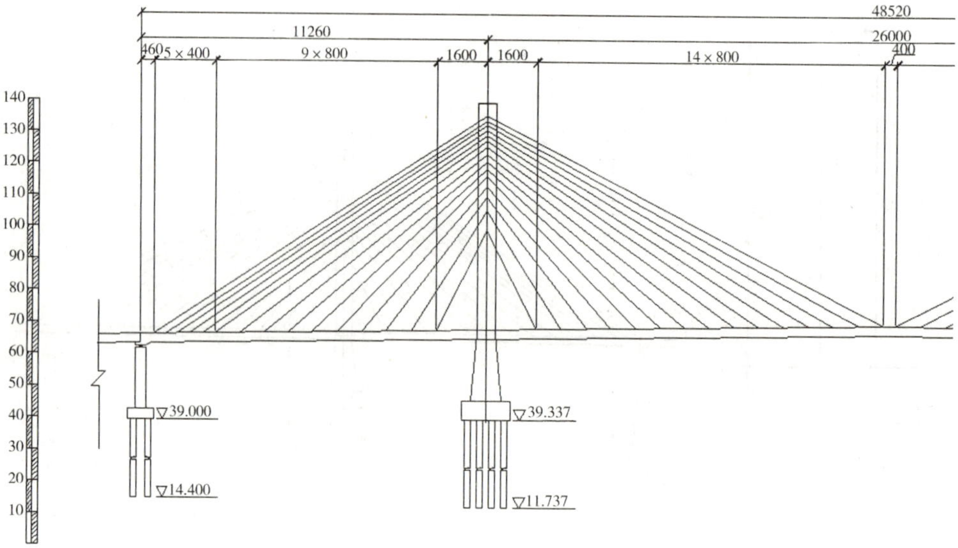
48520
11260
26000
460
5 × 400
9 × 800
1600
1600
14 × 800
400
140
130
120
110
100
90
80
70
60
50
40
30
20
10
▽39.000
▽14.400
▽39.337
▽11.737

图 8-15　水准标尺图形

# 参 考 文 献

[1] 尚凤武. CAXA 培训教程[M]. 北京:清华大学出版社,2010.
[2] 王彦惠. 计算机辅助设计[M]. 郑州:黄河水利出版社,2009.
[3] 杨谆. AutoCAD 培训教程[M]. 北京:清华大学出版社,2010.
[4] 任德记. 土木工程图学[M]. 郑州:黄河水利出版社,2009.
[5] 丁宇明,黄水生,张竞. 土建工程制图[M]. 3 版. 北京:高等教育出版社,2012.
[6] 杜廷娜,蔡建平. 土木工程制图[M]. 2 版. 北京:机械工业出版社,2009.
[7] 卢传贤. 土木工程制图[M]. 3 版. 北京:中国建筑工业出版社,2008.
[8] 谭海洋. 道路工程制图[M]. 北京:人民交通出版社,2008.
[9] 张立明,闫志刚. AutoCAD 2008 道桥制图[M]. 北京:人民交通出版社,2008.